破解職場和人脈的底層邏輯

# 生存逆思維

Decoding the Underlying Logic of the Workplace and Networking.

U0540060

宋師道◎著

# 前言

「人與人交往的本質就是為了交換利益。」儘管不少人對這樣的說法非常反感，但這個道理卻是真實存在的。即使如此，這不代表我們必須忍受不合理的對待，而是要懂得在互動中發揮自己的價值，並確保自己的權益不被侵害。

我們與朋友、同事、夥伴的關係，往往是基於共同的需求與價值觀所建立。當彼此能夠提供對方所需，關係自然會更加穩固。然而，這並不意味著我們應被動地接受所有要求，甚至讓自己陷入剝削或情緒勒索的困境。

在現實生活中，人際關係往往建立在互相帶來價值的基礎上。要想贏得別人的好感或器重，首先要建立自己的利用價值。也就是說，你的價值決定了你在他人心中的地位，決定了別人是否願意與你交往，甚至是否願意在關鍵時刻幫助你。真正有價值的人，不是無條件迎合別人，而是要清楚知道自己的優勢，並運用它來創造更多選擇權。要在職場上獲得發展，不是單純地讓老闆「利用」你，而是要讓你的能力變得不可或缺，提升你的選擇權，從而掌握更好的發展空間。在商場上，成功的合作來自雙方的互惠，而不是一方單方面地付出。在人際交往中，真正的貴人不是在你「有利用價值」時才靠近你，而是能與你共同成長、彼此扶持的人。

在這個競爭激烈的社會中，成長與進步確實重要，但這並不代表我們就應接受被無限壓榨。自身的真正價值來自於你的選擇能力，而非單純地成為「可利用」的對象。懂得拒絕不合理的要求，保護自己的界線，才能確保自己的價值不被低估，也才能真正吸引那些懂得欣賞你的人。

本書從嶄新的角度詮釋了提升個人被利用價值的修練功夫。不僅說明「被利用」時應抱持的態度，還提點了在被利用過程中，如何為自己創造暨把握成功的機會，以及在「被利用」過程中，如何實現人生目標與個人價值的方針。只要能確實掌握這些技巧與方法，定會讓邁向成功的步伐更加堅實而穩健！

本書內容詳實，文字生動，以貼近現實生活的觀點，深入淺出地提供案例，闡明了「不怕被利用，就怕你沒用」的生活真理，不僅要教你如何成為「績優股」，更要教你如何在各種環境中保持主導權，擁有選擇權，拒絕不合理的對待，讓你的價值真正被看見，讓你在「被利用」的過程中，逐漸鋪好成功之路，邁向圓滿的人生！

# 目次——

## 第2章 可以一無所有，但不能一無是處



## 第3章 提升自我價值，做個有用的人

## 第6章 讓自己快樂地被人利用

## 第7章　隱忍蓄勢，被利用時臥薪嚐膽



## 第8章　鍛鍊讀心術，避免被欺騙

## 第11章　保有無害的小心機

## 第12章 用心經營屬於自己的成功

# 第1章

# 人際關係的本質是「相互利用」

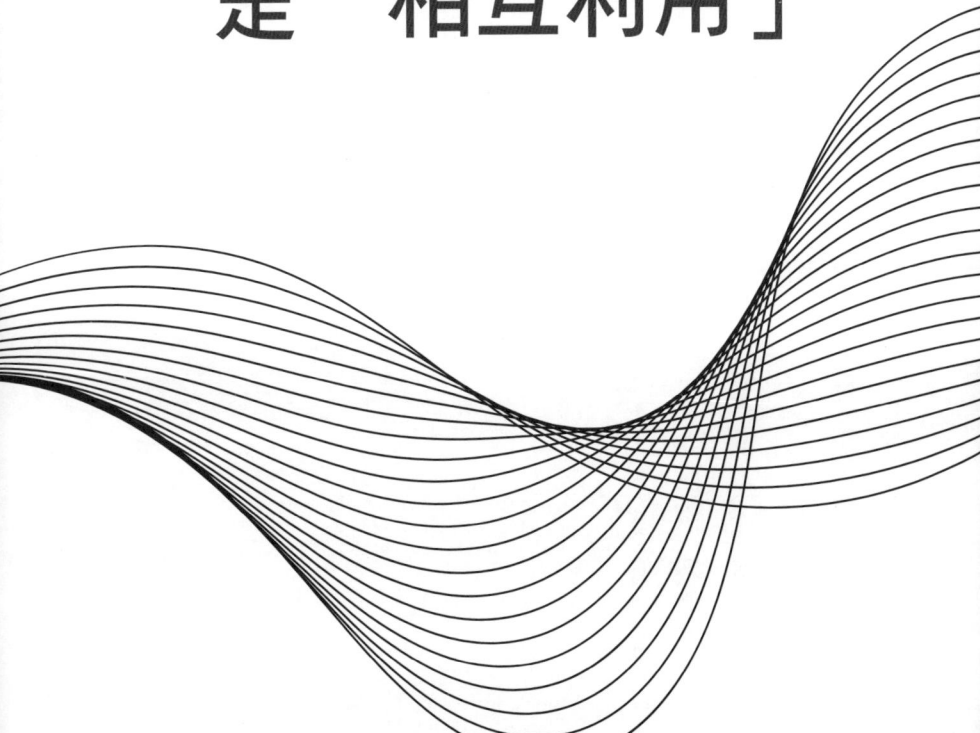

# 沒有付出，哪來回報？

「沒有付出，哪來回報？」這句話的本質並不只是單方面的犧牲，而是要讓我們理解：付出應該是基於互惠與公平，而非單純地忍受不合理的對待。

人際交往的本質，是價值的交換與互惠。著名社會心理學家霍曼斯（George Caspar Homans）曾指出：「人際交往在本質上是一種社會交換的過程。」換句話說，我們透過貢獻自身價值來與人建立關係，但這並不代表我們必須為了人際關係而放棄自身的權益或承受不合理的壓力。

這裡的「價值」可以是物質、情感，或專業能力。在現今社會，想要獲得別人的尊重和認可，想要成為備受關注的一員，想吸引更多人的目光，關鍵不在於無條件付出，而是要清楚自己的優勢，並運用它來創造更多的選擇權和機會。在人際交往中，真正的吸引力來自於雙向的價值交流，而非單方面的取悅與迎合。

在職場上，主管與員工之間的互動不應該是單向的權力壓迫，而應建立在相互尊重與合作之上。主管若希望下屬忠心，就應該以誠意相待；你厚待員工，員工才會更努力地付出。反過來說，員工若想獲得肯定，也應該展現自己的專業能力與價值。這種互惠關係才是長久發展的關鍵，而非單方面的壓榨與忍讓。

前陣子，我在網路上看到一則關於激勵員工的案例，值得我們深思。

趙剛是公司的總經理，近來，員工各行其是，缺乏團隊合作，對公司營運造成不小影響。雖然公司已採取了一些措施，卻沒有什麼幫助。

一天，他向好友訴苦：「這些員工太自私了，不肯嘗試用合作的方式去解決問題，滿腦子只想領更多薪水。要是他們肯合作，公司的營業額會提高很多；你說我該怎麼辦？」

朋友笑了笑，說：「我去你公司看看吧。」

他走訪公司後發現，員工的確如趙剛所說，不願合作，對主管的安排多有怨言，整體氣氛沉悶。

他問道：「不合作對他們有什麼好處嗎？」

趙剛搖頭，坦言自己也不清楚。

朋友隨著趙剛進入會議室後，看到在會議室的牆上掛著一塊布簾，後面是一張大大的圖表，一匹匹賽馬並列在賽道的起點上，每一匹馬的臉上都貼著員工的頭像，而賽道的終點是美麗的米蘭。

原來，每個星期一，趙剛會與員工齊聚在此開會，並發表言論激勵大家：「我們要努力合作，提升公司的整體業績，這樣我們才會賺得更多！」他拉開布簾，「看見了嗎？業績前十名的員工，就能接受公司招待前往米蘭旅行！」

聽從朋友的建議後，趙剛將員工的頭像，從跑道起點改放至終點——美麗的米蘭。當他再度對員工強調合作的重要性時，改口道：「當公司業績大幅成長時，我們全體就能一起去米蘭旅行，共享成功的喜悅。」

這項調整後，員工的態度大為改變，開始積極融入團隊。隨著公司業績提升，每位員工的收入也同步攀升。當然，總經理趙剛也兌現了他的承諾，在一次長假中，率領員工們一同飛向米蘭。

這個案例告訴我們，成功並非零和遊戲，真正的價值並非單方面的競爭，而來自雙贏的合作。趙剛本想藉由員工競爭來提高業績，雖然有一定的激勵作用，不過能去米蘭的名額有限，又太吸引人，當大家都打心眼裡想去的時候，自然便只顧著提高自己的業績，哪還管別人，甚至希望別人的業績越差越好。無論在社會上還是職場中，都該拒絕無謂的消耗與競爭，尋找能共創價值的夥伴，讓彼此都能在公平互惠的基礎上共同成長。

許多人害怕「吃虧」，其實，吃虧並不可怕。別再像個受氣包一樣怕吃虧，真正該怕的是你把時間浪費在不值錢的人和破爛關係上。聰明人懂得「吃對虧」，投資值得的人和機會，而不是討好、低聲下氣地迎合。關係的本質是互惠，不是你無底線的奉獻。

在科技快速發展的時代，每個人都有機會發展自身的影響力，而不只是被動等待別人「賞識」，應主動打造屬於自己的價值。在合作與競爭的過程中，真正長久的成功來自於互助共贏，而非犧牲自己成全別人。

如果一個人的成功，意味著另一個人的失敗，這肯定不是他們交往的初衷，還會讓彼此之間的距離漸行漸遠。我們應該追求的是雙向的公平，而不是一味地「以付出換取回報」。只有當彼此的價值能互惠共榮，關係才能真正長久。

# 別被「被利用」三個字嚇到

**被利用代表價值被認可，關鍵在於掌握機會，創造成長。成功者善於轉化挑戰，將合作變優勢。與其抗拒，不如善用，讓自己更強大。**

如果有人告訴你，你正被別人利用，不必為此憤怒或擔憂，反而可以換個角度思考——這其實讓你知道一個重要資訊：代表你的能力與價值已獲得認可。關鍵在於，你能否從過程中主動掌握機會，為自己爭取更好的發展，而不是被動地接受現狀。機會是留給準備好的人，懂得運用自身優勢的人，才能掌握局勢。

這世界就是個互相利用的修羅場，差別只在於你是被壓榨到渣都不剩，還是順勢讓自己升值。被利用不可怕，可怕的是你廉價到沒人願意用。記住，職場和人際關係的本質是「互相成就」，而不是「單方面榨乾」。要被利用，就讓自己貴到讓對方心甘情願付出代價。

讓我們來看看歷史上的這個例子。

西元前一八八年，漢惠帝去世，呂后臨朝聽政。為了鞏固自己的政權，她欲冊封呂姓兄弟子侄為王，在形式上仍先徵詢大臣意見。右丞相王陵以白馬盟約為由，堅決反對，而陳平則是刻意找理由支持。陳平的表態讓呂后十分滿意。

退朝後，王陵對陳平的表現十分不滿，然而他不知道，其實陳平「除呂保劉」的決心比他更強烈，只是陳平的眼光看得長遠。

後來呂后罷免王陵，貶為庶民，並封陳平為右丞相。之後不斷地封諸呂為侯、為王，陳平仍唯命是從。因為他深知，若想一舉剷除呂氏，首先還是要保全自己。

西元前一八〇年，呂后病逝，此時朝政的衝突已達到了水火不容的地步。陳平先是設計讓呂祿交出兵權，轉由周勃掌控皇宮的禁衛軍。在呂產還沒弄清狀況，準備按原定計畫發動政變奪權之際就被殺害。隨著他的死亡，呂氏失去兵權，很快便土崩瓦解了。

文帝即位後，陳平再度被封為丞相，深受皇帝器重。至於當年的王陵，則是閉門不出，再也沒有獲得拔擢的機會。

陳平之所以成功，不僅因為他的才智，更在於他懂得從大局中尋找有利機會。

陳平的智慧體現於他敢於被利用，還能在其中成就自己。王陵雖說忠心可鑑日月，卻少了陳平的智慧與變通。

現代社會瞬息萬變，我們的思維模式也需要與時俱進。若過度排斥「被利用」，將機會視為剝削，將錯失磨練成長契機。真正的關鍵在於，我們是否能在合作中創造更多價值，確保自身利益不受損害，甚至極大化。

人不是廉價工具，而是一門生意，問題在於你是免費樣品還是限量奢侈品。這年代，成功不是搶奪，而是讓自己變得「不可或缺」。關鍵不是你擁有多少，而是有多少人願意為你的價值買單。能力沒被利用？那只是你不夠值錢。沒人認同？那就只是個自我感動的笑話。這世界不缺才華，缺的是能讓才華變現的狠勁。

適應變化，把握機遇，才是我們現代人應有的態度。地球不會因我們的抗拒而停止轉動，相反，唯有積極參與、提升自身價值，才能真正掌握未來。

## 被利用是好事

被利用並非全然負面，而是自身價值的體現。關鍵在於如何把握機會，從中獲得成長。與其抗拒，不如善加運用，讓挑戰成為優勢，實現更高的自我價值。正如愛因斯坦所言：「在每個危機裡，都藏著機會。」

你是否在與人相處交往時，常常覺得對方並非真心相待，甚至感到自己被算計，因此心生不滿？但你可曾明瞭，這是因為人人都在尋求更大的價值，他們希望你能夠創造更高的價值，這不是惡意的算計，而是一種相互依存的關係。

人之所以生存的其中一個目標，就是實現自我價值。如果沒有人願意倚賴我們，我們將難以發掘自身價值，甚至可能逐漸喪失勇氣與自信。

自然界的各種生物都遵循著相互依存的生存法則。有一種動物叫綠蝦，牠竟然生活在扁魚的嘴裡，這聽起來令人難以置信。不過，更不可思議的是，扁魚從不會把綠蝦當成食物吞進肚裡。因為綠蝦會以自身為餌來吸引其他小魚成為扁魚的食物。所以綠蝦成了扁魚生活中不可缺少的一部分。

扁魚深知，牠不僅不能吃掉綠蝦，還必須好好保護牠。所以一到夜晚，它就把綠蝦含在嘴裡，讓綠蝦安心地在裡面留宿。只是綠蝦一旦老了，無法再為扁魚引誘食物上門，扁魚便會將牠趕走，再換另一條年輕、有用的綠蝦。

這就是相互依存，也是自然界中習以為常的現象。無論是動物還是植物，都有這種相互依存、共生的關係。

小程在深圳一家化妝品公司工作，她表現出色，因此從初階美容顧問晉升為化妝品銷售主管，但仍不算是正式員工。在這樣的大公司中，正式員工與非正式員工的福利和薪酬相差懸殊。好在她的主管對她的表現很滿意，已經承諾她，下次一定可以轉為正職。

就在小程覺得充滿希望的時候，主管被調到上海分公司任職。小程心想：「一切要重新來過了。」就在她有點灰心之際，即將調任的主管忽然找了小程，她懇切地邀請小程一起到上海發展，提及各種規劃前景，雖然一切要重新做起，但發展機會卻絕不比深圳差。因為她們過去合作愉快，主管更是一再強調，十分欣賞小程的工作能力。只要她願意一起過去，將為她爭取轉為正式的職位，並且承諾加薪。

小程想，這樣的機會太難得了，沒有多加考慮，她果斷地答應了。

然而，小程在上海工作三個月後，這位主管不僅對加薪隻字未提，更遑論幫她正職。小程於是主動詢問，得到的答覆竟是「正職名額早已額滿」。

後來，小程逐漸察覺，主管帶她來上海，其實只是將她當作墊腳石。利用她的業績和人脈，為自己在上海的發展站穩腳跟而已。而自己卻因此放棄了深圳熟悉的工作環境，放棄了已經打下的業務根基，只為了主管口中許諾的美好前程，結果卻一無所獲。小程好失望，她覺得自己被主管徹頭徹尾地利用了。

「被人利用沒關係，重點是你有沒有順手把對方也當工具人用一用。」世界就是這麼現實，純粹被利用的叫犧牲，互相利用才叫合作。

只要小程放寬心，不要過於在意升遷的事情，憑小程的實力，要轉正是遲早的事，最差也就拍拍屁股跳槽——不是你需要這份工作，是這份工作該感激你還在這裡。真正有眼光的主管，不會讓人才跑掉，因為他知道：像小程這樣的人才，市場上根本是限量款，賣一個少一個。

我們的價值往往不在於擁有多少，而在於能被發掘與發揮的程度。當我們被賦予重要任務時，意味著我們的能力受到肯定，這正是展現自我價值的機會。關鍵不在於我們是否被利用，而在於能否在這個過程中成就自己。若自身缺乏價值，就連想被利用都是一種奢望；當自己不願成長時，即使機會擺在眼前，也會悄然溜走。

從古至今，許多成功者都是在被利用的過程中實現了自我價值。例如歷史上的權臣魏忠賢、軟銀創辦人孫正義，他們無一不是在適應環境的同時，找到自己的價值定位，最終成就一番事業。

我們或許無法避免被利用，但我們可以選擇如何應對。換個角度思考，被利用也是一種助人，這也是在提升自身價值。然而，我們也要明白，他人的承諾往往是基於他自身利益的考量，真正能對自己負責的，始終只有自己。因此，當我們意識到自己被人利用時，不必怨天尤人，而該學會審時度勢，規劃自己的未來。

總而言之，我們活在這個世界上，就是為了實現自我價值。若不被人需要，那麼我們的價值也就無從體現。與其抗拒被利用，不如學會適應環境、掌握機會，甚至主動創造機會，這才是讓自己立於不敗之地的關鍵。既然如此，何不坦然面對那些利用你的人，並將這一切化為成功的墊腳石？

# 每個人都是一座金礦

不要只當旁觀者，要勇敢行動，發掘自身價值。挫折不會改變你的價值，唯有不斷提升自己，才能被世界認可。學會在被利用的過程中成長，創造機會，實現人生目標。

當我們看到別人站在舞臺中央，踏上紅毯、贏得榮耀、享受掌聲時，內心總難免感到羨慕與敬佩。然而，卻很少人會同時自問：「是不是有一天我也能像這樣站在舞臺上？」多數人總習於扮演旁觀者的角色，只負責觀看，卻不願行動。因為害怕嘗試、害怕失敗，最終只能站在舞臺下，仰望別人的成功。

然而，平凡不等於平庸，每個人其實都擁有無限的潛能。一個人的價值高低並非天生註定，而是在發掘與運用的過程中逐漸開發展現出個人價值。如果我們每個人都是一座金礦，那麼我們的目標應該是不斷開採自身的潛能，讓價值源源不絕地湧現。

在一場大型演講中，一位教授走上舞臺，手裡高舉著一張二十美元的鈔票，對著臺下三百多人問道：「誰想要這二十美元？」臺下立刻有人舉起了手。

他微笑著說：「在把錢給你們之前，讓我先做一件事。」說完，他將鈔票揉成一團，再次問道：「現在還有誰要？」仍有許多人舉手。

接著，他把鈔票扔到地上，用腳狠狠地踩踏、碾壓，然後撿起來，舉到眾人面前：「現在呢？」依然有人毫不猶豫地舉手。

演說家點點頭說：「這堂課很簡單，卻極具意義。無論我如何對待這張鈔票，它的價值始終不變，仍然值二十美元。人生亦是如此——無論你經歷過多少挫折、被踐踏了多少次，你的價值都不會因此消失。記住，每一個你永遠都是獨一無二、不可取代的。」

每個人都有屬於自己的價值，關鍵在於你我如何發掘運用。也許此刻的你看似平凡，但這不代表你沒有價值。世上沒有無用之人，只有未被發掘的價值。當你願意付出努力、提升自己，總有一天，你的價值將被世人認可。

如果能在被利用的同時提升自己，爭取最好的表現，我們將會走得更平穩、更長遠。那些真正成功的人，往往能在機會來臨時積極爭取，在沒有機會時主動創造，讓自己不斷成長，最終脫穎而出。人不會一直被利用，我們內心也有著能夠利用別人的渴望，只要時機到了，條件成熟了，一定能實現目標。

每個人，都是一座金礦。但大多數人，活到最後連鏟子都沒拿起來，就已經被生活埋了。

「被利用」的過程漫長？充滿艱辛？這是一定的。這世界從來不缺工具人，缺的是知道自己是金子還能讓人掏到出血的那種人。有些人一邊被用一邊抱怨，抱怨到最後，變成沒人想用的廢鐵。也有人一邊被用，一邊借力使力，反手利用全場，順便升級成全自動掘金機。這不是什麼雞湯道理，這叫生存智慧。那麼，你想選擇抱怨世界不公平？或是選擇成為那個讓世界害怕錯過的人？

記住，你是一座金礦，不是別人發現了你才值錢，而是你敢不敢挖、會不會炒，懂不懂得把自己打造成市場上唯一的限量款。否則，就等著被埋在現實的泥土裡，永遠發不了光，只能羨慕別人閃閃發光的人生。

## 屬於自己的淘金術

沒價值，才沒人利用；不行動，就只是塊廢石。世界不會主動發掘你，唯有鍛鍊與突破，才能讓才華閃耀。成功的人不怕被利用，而是懂得利用機會，讓自己發光發熱。

深埋地下的金礦若無人開採，其價值與普通的石塊無異，無法展現真正的價值。然而，一旦經過發掘、提煉，它便能熠熠生輝，成為世人爭相追逐的寶藏。

我們每個人或許都曾是不起眼的石塊，但只要你願意努力雕琢自己、提升能力，終有一天，世人將會看見我們的價值，視我們為寶物。同時，我們不僅要成為一座值得開採的金礦，更要學會成為一名優秀的淘金者，主動發掘自身潛能，為自己創造更高的價值。

在競爭激烈的現代社會，真正值得擔憂的不是「被利用」，而是「沒人想利用你」。

當我們被賦予重任、承擔責任時，也許會感到辛勞，但這正是價值的體現。人們往往從做中學，甚至會在被利用的過程中，發現自己原來擁有連自己都未曾察覺的能力。正如俗語所說：「金無足赤，人無完人。」世上沒有十全十美的人，即便是才華橫溢的名人，也各有所長。擅長寫作的作家未必能侃侃而談，偉大的發明家未必樣樣精通。例如，學貫中西的學者錢鍾書，一遇到數學便束手無策；推理小說巨匠柯南．道爾，文名享譽全球，卻並未在醫學領域有所成就……每個人都有獨特的天賦，關鍵在於能否認識並善加運用。想要有作為，單靠能力是不夠的，還要在利用與被利用的過程中，將潛能盡情地釋放出來，讓個人價值得到最大發揮。

曾經，有位流浪至巴黎、窮困潦倒的年輕人，懇求父親的一位老友為他引薦工作。這位長輩問他：「你擅長什麼？有什麼特長？」

年輕人低著頭，羞愧地回答：「我什麼也不會……」

長輩思索片刻，便請他先留下地址：「如果找到合適的工作，我會通知你。」

年輕人低頭寫下住址，轉身準備離去。就在這時，長輩忽然喊住了他：「年輕人，你怎能說自己什麼也不會？看看你寫的字，多麼工整漂亮！」

「這也算特長嗎？」年輕人疑惑地問。

長輩點頭道：「當然算！字跡能反映一個人的修養與內涵。記住，人要有自信，找工作之前，應該先了解自己的優勢，並將其發揮到極致。」

聽了這番話，年輕人若有所思，重重點頭。後來，他憑藉自己優美的書寫能力，找到了一份在學校教授法文的工作，成功度過了最艱難的時期。更重要的是，他在這段經歷中發現了自己在文學方面的天賦，並將其發揮得淋漓盡致，最終成為法國十八世紀著名的文學巨匠——大仲馬。

許多人終其一生都未曾意識到自己的特長，更別說找到發揮價值的機會。看看歷史上的傑出人物，他們無一不是在發掘自己的特長、爭取發揮價值的機會後，最終走向成功。由此可知，人人都是一座金礦，關鍵在於是否懂得從自身淘金。

不要害怕被人利用，可怕的是自身缺乏被利用的價值。當我們學會在挑戰中成長、在困境中發掘自身潛力，便能逐步提升自己，讓價值發揮到極致。

大仲馬的成功，來自於他勇於探索自我，並將自身的特長充分發揮。同樣的，我們每個人都擁有潛在的光芒，只要願意尋找、善加鍛煉，終有一天，你也能讓自身的才華閃閃發光，成為真正的「黃金」。

# 第2章

# 可以一無所有，但不能一無是處

# 沒實力，別奢望有人與你結交

沒價值才沒人理你，廢物才整天抱怨「被利用」。世界很現實，你沒本事，連被利用的資格都沒有。別再靠人脈混日子，先讓自己值錢，再談公平。強者被需要，弱者被遺忘，你想當哪一種？

我們常聽到有人抱怨：「某人真不夠意思，上次請他幫忙都不成，虧我以前和他那麼要好。」但這樣的抱怨，真的合理嗎？

事實上，人際關係的本質往往建立在「價值交換」之上。當一個人因缺乏實力、無法提供足夠價值時，自然較難獲得他人的幫助。人們通常傾向選擇對自己有利的事物，如果過度依賴別人的善意，遲早會感到失望。

張正是一名房仲業的金牌業務，一年成交金額高達數十億元，是業績千萬的房仲經紀人。他的辦公室擺滿了各類獎狀與獎盃，這些榮耀並非僥倖得來，而是他不斷提升自身價值的成果。

在工作之餘，他不僅深入鑽研房地產市場趨勢，還積極學習稅務、房屋裝潢等相關知識，使自己成為一名全方位專業顧問。凡是來向他諮詢的人，不論是否購屋，都能獲得最專業的建議與服務。他的客戶曾開玩笑說：「找張正買房，根本像是聘請了一位免費的房產顧問！」

有一位客戶多年來不斷向他諮詢各類房產問題，但從來沒找他買過房子。張正仍然耐心解答，並未因此疏遠對方，因為他相信，只要自己有足夠價值，機會總會來臨。果然，在後來的某次機會，客戶毫不猶豫地選擇了張正，一次購入多戶房產，成為他的忠實客戶。

憑藉著這樣的態度與專業，他連續三年獲得公司的頂尖銷售獎，成為業界的佼佼者。

在職場與生活中，要活得像張正，不是因為他夠「努力」，而是因為他「有料」。別天真地以為光靠熱情就能闖出一片天——那是用來欺騙實習生的話。真正能站上牌桌的，從來都是那些不斷升級自我、願意在挑戰裡被打到變強的人。

「你以為你是人才，但沒結果的努力，只是自我感覺良好」。想當「關鍵人物」？那你得先問自己，有沒有本事讓人在關鍵時刻第一個想到你、而不是把你踢開。

人際關係的維繫不只是依靠感情，更取決於個人的價值與能力，別再幻想靠做人和氣就能混出頭。這年代不是你認識誰，而是誰想認識你。實力不夠，人脈只會變八卦清單；但只要你夠強，朋友圈自然會變資源庫。

有些人一開口就像在發行NFT，全是吹的，一旦真正面對挑戰時卻交不出具體成績，讓人看一次笑一次。真正有實力的人，說話不多，但做得每一件事都能令人覺得亮眼。所以啊，別怕被利用，怕的是你根本沒東西好被利用。

擔心別人拿走你的價值？先問問你到底值不值那個價。這世界不是什麼公平競賽，而是「實力競技場」。弱者永遠在問「為什麼沒機會」，強者早就在問「我下個舞臺在哪」。

最後記住一句話：「厲害的人不是靠關係上去的，是那些想上位的人主動來蹭他的光。」

# 沒自信，別指望能提升個人價值

沒自信？那就等著被碾壓吧。世界不會為你的畏縮讓路，機會只留給敢說「我可以」的人。別等實力完美才自信，先自信，然後逼自己變強。信自己，贏一半；懷疑自己，直接出局。

成功學大師拿破崙・希爾曾說：「成功的外表總能吸引人們的注意力，尤其是『成功者的力量』，更能贏得讚許。」這種「成功者的力量」，是發自內心的自信，它能讓人不由自主地將目光停留在你身上。很多時候，我們告誡自己要謙虛謹慎，不要鋒芒太露，久而久之，這種謙虛反而成了「偽裝的自卑」，讓人在機會面前畏縮不前。事實上，真正的自信不是過度張揚，而是源於實力的從容與篤定。

對於一名推銷新手來說，缺乏自信時，他可能會這樣開場：

「不好意思，我知道您很忙，如果能給我五分鐘時間，我將不勝感激。」

「我今天是特意來問候您的，祝您事業順利、萬事如意。如果您現在不方便，我可以等一會兒……」

「打擾了，請問我可以開始說明了嗎？」

這樣的開場白不僅缺乏吸引力，還可能讓對方產生優越感，使談話從一開始就處於被動。

而一個充滿自信的推銷員，則會用截然不同的語氣說話：

「很高興能與您直接交流，因此我希望充分利用這個機會，向您介紹我們產品的優勢。如果有任何疑問，請隨時提出。」

「我今天專程來向您介紹這款產品的特色，相信它會對您的業務有所幫助。」

這種自信的語調，能迅速讓對方對你產生興趣，進而願意進一步了解產品。自信不僅讓你從被動轉為主動，也讓交流變得更順暢、更愉快。

當然，真正能夠促成長期合作的關鍵，仍在於實力與價值的展現。但成功者之所以能夠創造雙贏，往往就是因為他們從內而外散發的自信，讓人相信與他合作會是正確的選擇。

說到自信，我們不得不提一個活生生的傳奇人物——歐普拉・溫芙蕾（Oprah Winfrey）——被說「不適合電視」的人，後來統治了美國電視。

她十九歲就當上田納西州電視台第一個黑人女主播，一腳踏進金字塔尖，二十二歲更直接搭上ABC黃金新聞時段，與知名主播搭檔。天上掉下來的機會，她拿著當聖杯供著，心想自己會是下一個芭芭拉・華特絲。

結果？主管看她名字不爽，說觀眾記不住，硬塞她一個「蘇芝Suzie」的假名。然後，還嫌她髮型不夠像「新聞人」，拖去燙頭，燙成一坨沙漠雜草，最後只好剃光頭、戴假髮出場。再來搭檔主播嫌她小咖、新聞部嫌她不夠專業，叫她別有情緒、別脫稿演出——活得像個提詞機，講話要像死人還得保持優雅微笑。她被整成這樣，主管還嫌不夠，想炒她但又不想賠錢，乾脆把她丟到冷宮，流放到一個沒人要管的脫口秀節目，想讓她自生自滅。

他們怎麼也沒想到，那個他們嫌到不想賠遣散費的女人，竟然在冷宮裡燒出了一座皇宮。

她的「不專業」成為節目的靈魂，她的「不合群」成為市場的稀缺資源。從冷門時段一飛沖天，最後節目紅遍全美，觀眾愛死她，品牌搶著合作，後來更成立自己的媒體帝國，成為全美最強女主持。

她沒改名，沒改靈魂，改的只是這個世界對她的眼光。

歐普拉用一身傷痕證明——不是你不行，是世界太瞎；不是你不值得，而是你還沒讓自己被需要到無法取代。所以，下一次當你想說「我還不夠好」的時候，請記得：被燙壞頭、被改名、被流放的人都能翻身成億萬女王，你還有什麼好怕的？

有些人表面上看似自信，內心則極易動搖。他們可能因為別人的一句話、一個眼神，甚至一個小動作，就變得慌亂失措，這樣的人很難真正發揮自己的真正潛力。

小范剛進工廠實習時，跟隨一名經驗豐富的老師傅學習加工零件。老師傅經常鼓勵他：「學得真快！」「做得很好！」不久後，小范已能獨立作業，並且沒有生產過任何不合格產品。

然而，一天，生產線主管見他獨自操作車床，便皺眉道：「你自己行嗎？師傅不在就不要亂動，萬一做出次級品怎麼辦？」語氣中帶著質疑與責備。

這句話瞬間動搖了小范的信心。他一整天都憂心忡忡，生怕做出不合格的產品。結果當晚果然生產出幾件不合格產品，這次失誤讓他深受打擊，甚至開始懷疑自己的能力。

原本，小范完全有機會快速掌握技術，然後成為一名優秀的師傅，卻因為主管的一句話自亂陣腳，影響了發展。這就是缺乏自信的代價。

不管遇到什麼困難，我們都要有著積極樂觀的心態和蔑視一切困難的勇氣。積極樂觀的心態能夠讓我們戰勝恐懼。許多時候，真正導致失敗的並非是我們能力不足，而是缺乏自信。尚未開始競爭，就已經在氣勢上輸了一步。

成功者從不等待機會，而是用自信去創造機會。當你相信自己，你就已經比那些懷疑自己的人，領先了一大步。所以，想要取得成就，我們一定要自信，那不是自吹自擂或自戀，而是一種積極的心態。充滿自信的人，似乎總是在強大的氣場當中。而這個氣場，正是一種能促使別人渴望與你交流的力量，在無形中提升著我們的價值。

# 小細節，暗藏提升個人價值的大智慧

你以為成功靠的是大計謀？錯，細節才是決定你是人才還是廢料的關鍵。尊重別人、管好嘴巴、守時、不裝大爺，這些事做不到，就別怪機會總是落在別人手上。細節不是討好，而是你的價值證明。

許多人認為一個人的成功取決於能否掌握大局，卻忽略了態度與價值觀往往從細微行為中流露。人與人相處所選擇的行動不僅只是一種表面上的「禮儀」，更是一種自我價值的體現。那些能在細節上保持自我，同時尊重他人的人，往往更容易獲得機會與支持。

某公司正在招募外場接待人員，有二十多名應屆畢業生參加面試。當天，應徵者們被安排在同一個會議室等候，由於天氣炎熱，工作人員逐一為大家倒水。然而，前幾位應徵者不但沒有主動幫忙，甚至有人問：「有冷飲嗎？綠茶或可樂都可以。」此時，工作人員明顯有些不悅，卻只能禮貌地回應：「對不起，沒有這些飲料。」

坐在一旁的周娟，看見工作人員辛苦地倒水，便起身接過水杯，對工作人員說：「辛苦了，謝謝你。」這句簡單的關心，讓對方露出微笑。

面試開始，主考官並沒有傳統地逐一發問，而是與大家閒聊。許多應徵者因此放鬆警惕，有人滑手機、有人翹起二郎腿，似乎忘記了自己仍在面試中。而周娟則專注傾聽，偶爾點頭回應，展現了基本的尊重與禮貌。

當面試官告訴應徵者面試結束時，很多人還一頭霧水。最終，面試的結果揭曉，周娟順利獲得這份工作。她並非刻意迎合，而是透過細節展現自己的態度——尊重他人，保持專業，並懂得換位思考。真正的「個人價值」，從來不是刻意表現，而是自然而然流露出來的。

在社交與職場中，這些生活細節並非是「討好別人」的手段，而是展現自我價值與生活態度的方式。以下幾點，能幫助我們妥善表達自己：

1. **尊重而不卑微：**談話時保持得體的語氣與舉止，清晰表達想法，勝過一味順從。

2. **不做情緒勒索的共犯：**拒絕在背後議論他人，因為散播負能量並不會讓自己顯得更有見解，只會讓人對你產生戒心。

3. **勇於拒絕，果斷選擇：**有價值的人知道何時接受、何時拒絕，懂得取捨才能專注於真正重要的事。

4. **誠懇勝過花言巧語：**真誠比華麗的詞藻更能建立信任，說話時要言之有物，而不是只為迎合對方。

5. **展現自信，不必炫耀：**有能力的人，不需要時刻強調自己的功勞，真正的影響力來自於行動，而非言語。

6. **時間觀念是對彼此的尊重：**守時不只是基本禮貌，更是一種對彼此時間價值的尊重。

7. **察覺細微變化，展現真正的關心：**關心他人不僅是說幾句場面話，而是注意對方的情緒與狀態，並給予適時的支持。

有一位非常受顧客歡迎的銷售員，她經手賣出的商品總是比其他售貨員多得多。為什麼會這樣呢？原來她特別注重修飾交際細節。例如，顧客要買一公斤左右的糖果，她總是先抓不到一公斤的分量，然後慢慢地往裡添，直至足秤為止。不像其他的店員，是先抓超過分量的東西，再「殘酷」地一點一點地往外拿……顯然，往裡加的動作總是能讓人感到愉快。又例如，當顧客幫忙她拿商品時，她一定會說「謝謝」。因為幫她拿商品，對顧客來說本來就不是非做不可的事，但是做了就等於是一種付出，因此，及時表達謝意是有必要的。她不像其他的店員，總是把別人的幫助視為理所當然。因此，她獲得了極大成功，不但獎金多，而且還獲得了整間店的「模範銷售員」稱號。

別再以為「我沒惡意」就能當通行證了，這世界不是圍繞著你的玻璃心轉的。在說話做事前要多用腦子想一下，別人不是我們的情緒垃圾桶，也不是我們邊講邊學禮貌的實驗對象。當我們口沒遮攔、行為粗魯時，只會讓人知道你連「話怎麼講」這門學問都沒修好。

那些我們以為不值一提的「小細節」，才是別人給你打分數的主考題。職場上、生活裡，會做人永遠比會做事更重要。你以為人緣是靠努力換來的？錯，是靠別人願不願意忍受你。多一點細膩，少一點自我感覺良好，才可能被當一個有質感、有分寸的人看待。否則，別人笑臉背後，早已在心裡給你打了「低情商」的紅字。

# 有潛力，才能更有未來

**成功不是等機會上門，而是敢闖、敢學、敢突破。別抱怨環境，沒人欠你舞臺，只有實力才能讓世界買單。停止討好，開始爭取，當你變強，機會自會來敲門。**

成功的關鍵不在於「讓自己變得有用」，而在於「勇於突破、不斷成長」。當你確知自己的價值並勇於爭取機會時，才能真正決定自己的未來。與其取悅世界，不如讓世人看見你的價值。星巴克咖啡公司前執行長及董事長霍華・舒茲（Howard Schultz）的經歷，就是一個很好的例子。

霍華・舒茲出生在美國布魯克林一個貧困的家庭，住在政府補助的公寓裡。父親是一名卡車司機,工作不穩、福利低,這讓他從小就深刻理解到經濟拮据的痛苦。他曾說過一句話:「我想逃離那種生活,但不是逃避,而是要找到通往未來的路。」

霍華・舒茲靠運動獎學金讀完了大學,畢業後先在 Xerox 做銷售。那時候,他不是銷售天才,但勝在超級能熬,幾乎把每一次拒絕當作打磨的機會,直到業績被看見。他的能力是慢慢「磨」出來的,不是突然開竅。

某次他為工作拜訪西雅圖一間名為「星巴克」的小咖啡豆店,瞬間被那種專注品質與文化的氛圍吸引。他不顧高薪,辭職加入這間名不見經傳的小店,當時只是一位普通行銷主管。

他不是那種一進公司就急著升官發財的人。他跑遍歐洲研究咖啡文化,想把咖啡打造成一種「體驗」而不只是商品。回來後,他建議星巴克開設「義式咖啡館」,但創辦人覺得太冒險、拒絕了。

霍華・舒茲沒有放棄。他自己去創業,開了連鎖咖啡館,證明了這個點子真的行得通。後來,他反過來買下了星巴克,將其打造成今日全球數十國、數萬家門市的咖啡帝國。

霍華・舒茲的故事告訴我們,人之所以可貴的是努力不懈提升自我價值的堅持。以下幾點，能幫助我們掌握自己的未來：

**1.掌控人生主導權，勇敢選擇自己的路：**自己的未來別交由他人決定，要親自爭取。不滿現狀，就透過行動改變，而非被動接受。

**2.專注成長，不迎合、不妥協：**與其取悅他人委屈自己，不如持續提升自己。真正的價值來自實力，而非他人的認可。

**3.拒絕內耗，遠離無謂的情緒勒索：**不讓他人情緒影響自己的選擇，懂得為自己發聲，勇敢拒絕無理要求，才能真正掌握人生主導權。

**4.學習是武器，成長是最好的反擊：**當你不斷提升自己，機會自然會找上門。與其抱怨環境，不如用實力創造改變。

**5.突破舒適圈，迎接挑戰：**願意學習與嘗試，才能在競爭激烈的時代裡找到立足點。

有的人天賦異稟，如果他不努力，仍然無法取得成功。你以為有天分就能橫著走？不好意思，不努力連起跑線都站不穩。反觀那些資質平平的人，靠的不是老天保佑，而是天天被拒絕還不下線的死磕精神，像霍華・舒茲這種人，就是一個活生生的反擊劇本：沒背景、沒光環，但就是夠能熬，夠能撐，夠不要臉地往上爬。拒絕他？沒關係，他當磨刀石用，砍不死就越來越利。

這個世界不缺天才，缺的是能持續輸出價值、讓人想投資的「潛力股」。而這類人，從來不是因為最聰明，而是因為最能撐、最會等、最肯學還捨得把臉丟一地也不退場。

在這個瞬息萬變的世界，決定你未來的不僅是你有多「被需要」，還要加上你敢不敢主動掌握自己的價值。別等別人來肯定你，當你停止跪著迎合，開始挺直腰桿為自己爭取，機會就不再是「偶然掉下來的骨頭」，而是你親手挑的戰場。

你把自己當一杯水，放在太陽底下只會慢慢蒸發，最後只剩一個燙手的空殼，別人看你連碰都懶得碰。厲害的人不是不曬太陽，而是邊曬邊補水，甚至學會變成一瓶冰的礦泉水或是結冰水，隨時供應市場。潛力不是天生裝滿的，而是你自己一口一口裝進去的。別再靠幻想活著，你連內建潛能都沒讀滿，就別急著談命運的更新版本。

# 交際的世界「看漲不看跌」

**職場沒有伯樂神話，只有實力配得上的機會。你不經營自己，就只能被環境支配。別當可有可無的小透明，主動爭取話語權，讓人離不開你，機會才會主動找上門。**

你是否曾在身邊看到這樣的朋友？他們職位較高、薪資優渥、人脈廣闊，每次聚會時，總有人熱情與他們交談、交流。當你目睹這些時，是否也曾思考：為何有些人總能獲得更多機會，而有些人卻始終停滯不前？

其實，這並不僅取決於個人能力，我認為關鍵在於如何經營並展現自身價值，積極爭取機會。在現代職場，等待被「看好」已不再是主流，你必須主動創造價值，勇於爭取話語權。唯有敢於突破、持續提升，才能讓機會主動向你靠攏。

二十六歲的楊霞，從一間小公司的公關企劃人員晉升為某知名電子企業的公關經理。這並不是因為她「被看好」，而是她長期以來在職場上的優異表現，讓她成了晉升機會下的「首選對象」。

原來，現在的老總是她以往的老客戶，他看過楊霞過往面對問題時的成熟穩重、大方得體的處事應對，深表讚許。由於楊霞經常與不同的媒體接觸，因此老總還刻意徵詢過幾位媒體記者的看法，也得到他們一致的認可。這位總經理下定決心後，便把楊霞挖角過來。

楊霞的升遷，看似讓人摸不著頭腦，其實這仍是她平日表現出色、主動經營的結果。在一個大家都看好她的階段，抓住機會，成功地實現了個人事業上的突破。再想想我們周遭那些成功的朋友，他們不都也是如此嗎？

那麼，我們該如何判斷自己的人氣是在「漲」還是在「跌」呢？可以參考以下幾個指標：

1. 是否感受到自身能力的提升，能夠獨立完成過去覺得困難的任務？

2.是否開始獲得更多圈內人士的邀請，進入更高階的交流場合？

3.是否有更高薪、更有影響力的工作機會主動向你靠攏？

4.是否能夠輕鬆與過去覺得「遙不可及」的人物進行對話？

如果你的答案是肯定的，那麼是時候思考你的下一步，選擇合適的時機發展。如果還沒有達到這些標準，那麼當務之急是深耕現有領域，累積實力，讓自己更有籌碼。

在一間擁有四百名員工、專門加工鋰電池原料的工廠裡，周傑只是其中一名普通員工。經過一年多的努力，周傑成為一廠中管理十多人的組長。

周傑發現，與公司合作的對象，除了一些國內企業外，日韓企業占了很大一部分，有時他們也會派人到工廠裡考察。這使周傑開始有了自己的想法，他先是參加了日語補習班，工作之餘努力地學習日語。一年多下來，已能用日語與人交流。但他並不滿足，繼續報名了韓語學習班。在這段時間裡，因工作出色，他又被提拔為組裝段生產副主任。

一次，日本和韓國兩個大型企業的考察團突然同時到工廠考察，如果訪查順利，公司就能接獲新訂單。由於訪問時間倉促，公司未能及時做好安排，翻譯人員更是沒能到位。就在這時，周傑主動承擔起翻譯的重任，用兩種外語詳細地向考察團介紹了公司的情況。公司主管和同事們見狀，都非常意外。

接下來的時間裡，周傑依舊努力的工作和學習，憑藉出色的成績，他又當上了主任。由於交際圈子擴大，很多公司也頻頻向他發出邀請，但周傑並未盲目行動，他仔細評估了自身的實力，認為時候未到。作為一支潛力股，還需要繼續提升自己的實力。他照樣努力地工作，積極參加公司舉辦的各種活動，希望結交更多有價值的朋友。

最終，當公司擴大規模時，他順利晉升為分公司的負責人，迎來職業生涯的重大突破。

職場不是階梯？錯。它根本就是一堆沒扶手的鋼梯，踩穩了往上跳，踩空了你就滾下來。你可以繼續做夢，幻想有一天伯樂會在茶水間遇見你、然後提拔你上位。但現實是——他根本連你叫什麼名字都不記得。

在工作中，我們只有兩種選擇：不是選擇跳上去，就是停留在原有的位置上。對此，公司會有三種選擇：不是讓你跳上去，就是讓你停留在原來的位置，再不然就是要你走人。別一邊把工作做爛、一邊還天天嘴裡喊著要升職加薪。「如果你連現在的坑都填不好，公司憑什麼讓你去挖更大的洞？」追求更好的職位不是罪，但不配合硬實力，只會讓你從

「潛力股」變成「地雷股」。如果你真有兩把刷子，「升遷、轉職、加薪，不是做夢，是做決定」。

所以請聰明點，把握自己還在「看漲期」、還沒被貼上「雞肋標籤」的時候，趁熱跳，跳到更高的位置，別等別人把你下架。

你可以等機會，但更該主動創造機會。你覺得自己值得更多，那就去證明「多」是必須的，而不是「想要」的。職場不是股市，不看技術面，不炒概念，看的就是你這檔到底賺不賺錢。

第3章

# 提升自我價值，做個有用的人

# 讓老闆欣賞，也是一種本事

**職場不是你家客廳，別指望老闆無條件寵你。你的價值＝你能幫老闆賺多少錢，別太把自己當回事。話多不如事多，別高估功勞，低估風險，不長腦子的「職場小丑」，終究只能被掃地出門。**

在職場上，贏得老闆的賞識，不只是加薪升職的捷徑，更是你打開無限可能性的門票。畢竟，老闆永遠偏好能創造實際價值、上手快、少抱怨、多產出的「理想員工」，這也是為什麼企業在招聘時，總是優先考慮「能立刻動起來」的有經驗者——因為他們看起來學習成本低，可以迅速發揮即戰力。

但別被這種表面理性騙了。職場從來都不是公平競技，它更像是一場精緻的權力遊戲。你做得越完美，老闆就越像神——而你，只是那個在鍵盤前加班加到脊椎側彎的信徒。可笑的是，這一切還得你甘之如飴。不過別誤會，這不是叫你放棄努力。事實上，你越能把工作做得天衣無縫、滴水不漏，越能在老闆心裡留下「這人不錯，用起來很順手」的標籤。所以你該怎麼辦？繼續努力，繼續把自己鍛成一塊又硬又亮的業績鋼鐵。你要用行動告訴老闆：「我不只是來填坑的，我是來幫你建造王國的。」

說白一點，你必須讓他覺得，沒有你，他就會失去整個世界。這種相依為命的職場幻覺，不只是你的生存之道，也是升遷的門票。你覺得這很累？沒錯，因為這裡不是夢工廠，是資本主義。這裡不是「努力就會被看見」，而是你一軟掉，就會被換掉。

所以如果你真的想成為「那個誰都不敢輕易動的關鍵人物」，你得不斷強化自己的實戰價值——讓自己成為解決問題的人，而不是製造麻煩的人。當你提供的價值夠重，老闆自然不會輕視你，反而會想方設法把你捧在手心，深怕你跳槽。因為他不是在提拔你，而是在挽救他自己未來的損益表。

小唐跟隨陳總工作多年，在創業期間，兩人共同經歷了諸多困難，經過多年的努力，公司終於走出困境，開始穩定盈利。

吳總一直視小唐為得力助手，對他的一些小缺失選擇睜一隻眼閉一隻眼。然而，最近發生的一件事，卻讓吳總大為失望，多年來的情誼差點就此決裂。

事情是這樣的：某網站記者前來採訪吳總，探討他的成功經驗，並希望先從員工口中了解更多細節。於是公司安排小唐接受訪問，然而，他因過於興奮，毫無顧忌地向記者透露了創業期間的內幕，甚至刻意誇大自己在公司的貢獻。他自豪地說：「要不是我唐某人的支持，吳總未必能成功，就算成功，恐怕也得多花幾年時間。」這篇報導發表後，吳總臉色鐵青。他長久以來對小唐不知分寸的不滿終於爆發，藉機調降了小唐的職位待遇。小唐則是認為吳總過河拆橋，兩人的關係從此一落千丈。沒多久，小唐便氣憤地離開了吳總的公司。

這個故事告訴我們，任何人無論能力再強，若缺乏職場智慧，很容易因一時疏忽而葬送職涯。真正聰明的職場人，懂得成就老闆，也是在成就自己。

選擇適合自己的工作，並不意味著專揀輕鬆地做，而是找到能發揮自身潛力、幫助自己成長的環境。從老闆的角度來看，簡單的工作誰都能做，無法彰顯員工的獨特價值。

福特汽車公司前 CEO 唐納・彼德森（Donald Petersen）說過：「凡是在我們公司的工程部門負責棘手工作的人，每當公司發布新品時，都會提到他們的名字。當你必須驗收一項工作時，那不是開玩笑的。跟那些總是把工作做得很好，進度卻老是停留在『進行中』的人相比，他不但測試了車子、加以改進，還寫好了測試說明書。」

「那些進度總是停留在『進行中』的人，即使曾經完成過一項出色的工作，與能夠獨立完成手煞車、方向盤、底盤設計等多項工作的員工相比，仍有顯著差距。你很難忽略到那些願意承擔責任，並能自信地說：『這是我負責的工作』的人。」

在懂得提升老闆之後，還有關鍵的一步：為自己建立好名聲。良好的職場聲譽是職涯長久發展的基石。在與同事、老闆溝通時，應保持理性、客觀的立場，不妄加評論或態度偏頗。此外，與老闆的溝通應該誠實透明，避免讓對方產生不信任感。

「誠實不一定能升官，但虛假一定會出事」。職場競爭激烈，只有不斷提升自己，才能避免被取代。如果我們能為公司帶來實質貢獻，並展現出卓越的能力，就能成為企業不可或缺的人才。但如果我們停滯不前，當老闆發現我們的價值不如預期時，也可能毫不猶豫地做出取捨。

想在職場中長久立足，不僅要關注當下的成就，更要有長遠的規劃與持續進步的決心。唯有不斷成長、提升自身價值，才能真正贏得老闆的賞識，讓職涯走得更高、更遠。

# 無法滿足現狀，才能走得更高更遠

你的「滿足現狀」＝別人的墊腳石。別把安逸當成實力，別用小成就麻痺自己。你不往前，世界就把你拋下，你的人生只能困在「還可以」的爛泥潭裡。

當我們因取得一點小成就而沾沾自喜，還在信奉「自滿於小成就」作為不努力的藉口時，競爭對手或許早已默默超越了我們。很多時候，我們本來可以有更好的發展機會，攀上新的高度，卻因安於現狀而停滯不前。

喪失追求目標的人是可悲的，因為這樣的人，其自身的價值將逐漸降低，最終在競爭激烈的社會中被淘汰。真正有價值的人，懂得持續提升自己。當我們為求進步努力不懈，機遇就會向我們靠攏，與成功的距離也會越來越近。

陳華有一個大學同學，畢業後在北京找到一份很好的工作，生活過得不錯。

有一次，陳華到北京出差，便順道去拜訪他。晚餐時間到了，朋友帶著他走向一間米其林三星飯店用餐。坦白說，陳華雖然不缺錢，但還不到能輕鬆負擔星級飯店餐飲的程度。他對朋友說：「咱們都是老同學，就別去那麼貴的地方，隨便找個地方吃就算了，以前在大學不都這樣嗎？」

朋友知道他的心思，說：「我並不是打腫臉充胖子，到這裡用餐對你我都會有好處。」

陳華不解地問：「這話怎麼講？」

朋友回答說：「只有到這種地方來，我們才知道自己的錢少，才知道什麼是有錢人去的地方，我們才會更努力地改變目前的狀況。如果總去小吃店的話，永遠也不會有這種想法。我相信只要努力，總有一天，我們也會成為這種飯店的常客。」

朋友的話刺激了陳華，一段時間以來，自己不正是因滿足於現狀而被深深地困住了嗎？

這世上有許多人，因為過於安逸而終其一生碌碌無為。他們選擇輕鬆的工作，拿著勉強維持生計的薪水，日復一日地重複著同樣的事情。其實，他們並未真正發揮潛力，更無法探索自身的極限。

人生的道路崎嶇漫長，充滿挑戰。唯有持續前行，才能不畏艱難，勇往直前。如果缺乏進取心，不僅難以獲得美滿的生活，也難以收穫豐碩的成果。成功沒有捷徑，只有堅持奮鬥，挺過難關，才能擁抱耀眼的未來。

汪洋是個剛入社會的九零後世代，由於沒有一技之長，總是找不到滿意的工作。他先是在一家餐館當服務生，由於工作包吃包住，一年下來，他也能攢到一些錢。

春節過後，他請假回了老家，在落後的家鄉，他得到的是長久未曾體會到的稱讚，鄰居都覺得他很有出息，但他並不以為然，見過世面的他知道外面世界的繁華。

其實，長期以來，汪洋心裡有個念頭。他每次逛街的時候，都發現美髮沙龍生意興隆，那些美髮師似乎沒有停歇的時候。他的心裡也萌生了想成為美髮師的念頭。正好，當時有一個大型美髮沙龍正在招募學徒，他毅然地辭去了餐館的工作，當上一名學徒，希望有一天也能像那些美髮師一樣，靠剪刀為人塑造形象。

然而，事情的發展並不像他想像的那樣，學徒只能算是個打雜的，有時只是個門童，站在門口為客人開門，說一聲「歡迎光臨」和「慢走」。

他發現不能把時間繼續浪費在那裡，便辭去了工作，拿著不多的積蓄，參加了一個美髮師培訓班，每天拚命地學習。在一次全國性的比賽中，他獲得了創意設計一等獎，名氣也與日俱增，成為一名高級美髮師。

從那裡學成後，汪洋有了一家屬於自己的美髮沙龍，但他的目標不止於此，他還在為擴大規模，擁有更多的分店而拚搏。

唯有不滿足於現狀，才能不斷創造新的成就。我們必須相信，自己還有無限的進步空間，不能因眼前的安逸而停滯不前。

擁有不滿足於現狀、持續求進步的心態，才能充分發掘潛能，實現人生價值，享受更豐盛的生活。俗話說：「一個人的心胸有多大，舞臺就有多大。」進取心是成功的起點，也是最重要的心理資源。放眼未來，時刻思考如何提升自己，不被短暫的小成就蒙蔽，才是成功者的真正心態。

有些人認為進取心是天生的，難以後天培養。但事實上，即便是最偉大的雄心壯志，也可能因拖延與懶惰而削弱。如果習慣逃避困難，缺乏行動力，終將與成功無緣。

我們應時刻提醒自己：「努力向前！」如果對內心的呼喚置之不理，那麼這種聲音將逐漸消失。當進取心被磨滅，我們便只能止步不前。

平凡的人為什麼一輩子平凡？不是命不好，是因為他們習慣於吃苦當吃補，被生活打趴後還感恩戴德，或是把得過且過當成美德。最大的娛樂，就是拿自己跟比自己慘的人比，然後自我感覺良好地說：「其實我也不錯。」可悲的是，他們不敢直視那些比自己強的人，因為一比就輸，還怕輸到自尊碎成渣。反觀那些真的想成功的人，他們的目標永遠是比昨天更強，比最強的還要狠。他們不是在追夢，是在狩獵成功。

所以啊，別再拿「知足常樂」當懶惰的藉口。你的人生沒有高潮，是因為你根本連劇本都懶得寫。想要未來發光發熱？先學會不斷打臉現在的自己，才配得上閃閃發亮的明天。

# 給自己正確的定位

別把夢想當童話，沒本事配得上的野心，只是癡心妄想。先搞清楚自己幾斤幾兩，再談成功。定位錯了，努力全廢，與其自欺欺人，不如務實點，找到適合自己的賽道，別做職場裡的幻想家。

每個人都渴望擁有美好的未來，但並非所有夢想都能如願以償。只有符合自身特質的目標，才有可能實現並開花結果。因此，認清自己的優勢與劣勢，是實現夢想的關鍵。優勢幫助我們發揮所長，劣勢則提醒我們注意潛在的風險，唯有兩者兼顧，才能為自己設定正確的方向，邁向成功。

剛踏入社會時，你四處奔波尋找理想的工作；你滿懷自信參加面試，卻屢屢碰壁；

當你在職場上全力以赴，卻難以發揮實力、無法融入團隊……這時，你是否曾經深思：什麼樣的工作才真正適合自己？自己的能力是否符合所追求的職位？

俗話說：「人貴有自知之明。」要成為一個不可或缺的人才，首先必須對自己有清晰而正確的認識，為自己設定恰當的定位。有些人未經深思熟慮就急於追求認可與讚美，這樣容易導致自負，不僅難以與同事建立良好關係，也難以在職場上立足。

我們對自己的認識，將深遠地影響我們的生活、工作與未來發展。當我們能夠準確評估自身能力，並據此制定發展方向，我們的努力將更有針對性，也更容易獲得成功。

一位乞丐整日在地鐵出口處賣鉛筆，每天都有熙熙攘攘的人流從他面前走過，很少有人注意到他。

一天，一位商人匆匆而過，他向乞丐杯子裡投入幾枚硬幣後匆匆而去。沒過多久，這位商人又折返，拿了一支鉛筆，對乞丐說：「不好意思，剛才忘了拿鉛筆，畢竟你我都是商人。」說完後又匆匆離去。

幾年後，這位商人參加一場酒會，一位衣冠楚楚的人士向他致謝，但商人不知道他是誰。

在對方告知之下，商人才明白原來他就是當初那個賣鉛筆的乞丐。他說：「你知道嗎？我的成功完全是因為當初你說的『你我都是商人』這句話。因為在這之前，我一直只把自己當成一個等待別人施捨的乞丐。」

乞丐的故事告訴我們，正確的自我認知能改變一個人的命運。當我們開始相信自己，並以積極心態看待人生，成功的機會將大大提升。

這位乞丐之所以成功，是因為他突破了對自己的既定認知，重新建立起積極樂觀的自我形象。在聽到「你我都是商人」這句話後，他重新審視了自己。以前在別人的眼中，他是個乞丐，在他自己的眼中，也覺得自己是個乞丐。但是到了後來，即使在別人的眼中他是個乞丐，可在他自己看來，他是一個商人，而且總有一天也會取得成功。

要想獲得成功，實現人生價值，成為受人信賴並願意合作的人，就應該先確立自己是個優勝者的意識。同時，他還必須時時刻刻像一個成功者般思考、行動，並培養成功者的博大胸襟，如此一來，他總有一天會發展成功。

在探索自我時，我們可以透過職業測評、請教業界前輩，甚至透過試錯來找到適合自己的方向。正確、積極的自我定位對一個人的成長有著極其重要的影響。如果我們每個人都能正確地認清自己，並做一些必要的調整，人生將會變得更加有意義，也會減少許多不必要的煩惱和痛苦。

當然，這需要一定的時間和過程。人必須經過不斷嘗試，才能找到最適合自己的方向，可能是一年，也可能是三、五年，就算我們現在過的不盡如意，只要我們還在為心中定位的那個目標而努力，就能擁有一個美好的未來。

雖說，每個人的定位與目標都不一樣，但你知道嗎？能力、知識、經驗、環境不是選項，這些是最低配置，若你沒有，還談什麼夢想。信心不足不是因為夢太難，而是你根本沒準備好面對它需要的代價，遇到挫折的時候就怨天尤人，自我感傷，演得跟連續劇一樣入戲。醒醒，夢想不是萬靈丹，配錯方只會變毒藥。

真正能讓你走遠的，不是空想出來的未來，而是你知道自己有幾斤幾兩後，還願意往上加碼、補足缺口的那股狠勁。別問夢想有沒有捷徑，先問你有沒有膽量踩過現實這一地雷區吧。

# 不斷學習，提升價值

不學習？那就準備被淘汰吧！世界不會等你，職場更沒人可憐你。沒本事還嫌機會少？記住，活下去的只有願意學、敢提升的人，別等被踢出局才哭喊不公平。

人生是一個持續學習的過程，當我們發現自身的不足，就應該積極尋求學習的機會，彌補不足之處。缺乏專業能力，便難以在事業上取得突破和成就。無論身處何種行業，唯有不斷提升自我，才能立足於競爭激烈的社會。

成功人士往往將自身的不足視為成長的動力，並不斷努力改善。隨著這些缺點逐漸被克服，他們便能體會成功的喜悅。然而，並非所有人都能持之以恆。有些人急於求成，在尚未具備足夠條件時便過於急功近利；有些人稍有成就便停滯不前，沉浸於短暫的滿足中。這樣的人，最多只能獲得短暫的成功。而真正的成功者，則是那些能夠不斷學習、精進自身能力的人。他們懂得居安思危，未雨綢繆，勝不驕，敗不餒，隨時調整步伐。投資大師彼得・林區（Peter Lynch）便是一個典型的例子。

彼得・林區是公認的投資大師，他以驚人的才華，僅僅用十多年的時間，便把兩千萬美元變成數百億美元，創造了轟動美國與世界的「林區現象」。

十一歲的時候，林區便開始在一家高爾夫球場做球童，沒多久，他便熟悉了高爾夫球場的工作。聆聽球手們的談話時，他零星地了解到一些關於股票方面的知識，初步感受到股票的巨大魅力。從此，林區便下定決心要在長大以後從事股票經營的事業，並且要在這個事業中實現自己的人生價值。

十八歲時，林區除了必修課外，還專修了一些如玄學、認識論、邏輯、宗教和古希臘哲學等看似與金融投資沾不上邊的課程。這是因為他認為：「股票投資是一門藝術，而不是一門科學，它需要有豐富的心理素質，一個缺乏淵博知識和全面素養的人，無法成為一個股票大師。

在波士頓學院學習的第二年，林區便開始嘗試做一些股票投資。他用自己當球童掙來的一二五〇美元，以每股七美元購進了他的第一筆股票——飛虎航空公司的股票。為什麼選擇購買飛虎的股票呢？

原來，在一次偶然的機會下，他讀到了一篇關於空運發展前景的文章。文章以具備說服力的分析，斷定未來空運將具有廣闊的發展前景。從這篇文章中，林區了解到當時航空公司發展的實際情況，並得知飛虎航空是一家具有發展前景的空運公司。因此，在當時人們還不太敢買空運股時，林區就毫不猶豫地買下了飛虎股票。

接著在短短兩年的時間裡，空運股開始受人青睞，飛虎航空的股價由原來的七美元一下子漲到近三十三美元，整整翻了四倍。林區第一次投資股票，便展現了卓越的股票投資才華。正是依靠這筆股票的營利，林區唸完了研究所，獲得了沃倫金融學院經濟學碩士學位。

很快，命運之神再次降臨。林區畢業的那年暑假，美國著名的大公司——富達投資旗下的麥哲倫基金總裁蘇利文主動邀請林區來自己的公司工作（註：原名富達國際基金（Fidelity International Fund），一九六五年三月更名為麥哲倫基金）。此後，林區坐鎮麥哲倫，八年後，便從一名研究員一步步升任為富達投資管理公司（Fidelity Investments）的副主席。

不斷學習，是提升自身價值的關鍵。社會日新月異，各種新知識、新技術層出不窮，唯有持續進步，才能在競爭中占據優勢。別再幻想靠躺著也能被成功砸中臉，不學習，就想站上風口？別鬧了，你連被風捲走的資格都沒有。

智慧如穿不破的衣裳，知識如取之不盡的寶藏。在這個適者生存的時代，汲取新知識猶如吸收養分，使人成長、茁壯。許多人未能意識到這一點，當他人用學習在升級，而那些人用時間在滑短影音、嘴上說「學不動了」，轉身卻能秒懂每部八點檔劇情。落伍不是突然的，是你每天選擇「先休息一下」的總和。

人生每個階段都該學習，不是因為學了會立刻變強，而是你不學，就連當炮灰的資格都沒有。與其抱怨機會遲遲不來，不如反思自己是否足夠努力。成功不屬於那些做夢的人，而是屬於那些連半夜做夢都在學習的人。不甘平庸就別活得像平庸的範例，天天混日子還想被叫佼佼者？醒醒，連混都混得沒特色，成功怎麼可能屬於你？

# 今天工作不努力，明天努力找工作

工作不只是賺薪水，還是你未來的試金石。敷衍度日，明天就等著被淘汰；全力以赴，哪怕洗馬桶都能變成傳奇。別抱怨沒機會，問題是你有沒有讓自己值錢？敬業不是討好老闆，而是給自己未來鋪路。

一個人的工作態度也反映了他的人生態度，而人生態度決定了一個人一生的成就。在日常工作中，我們可以清楚地看到，不同的工作態度將帶來不同的結果。有些人能夠成為公司的核心，獲得上司的賞識；有些人則得過且過，最終碌碌無為。世界上真正的天才並不多，我們大多數人的天賦相差無幾，那麼，該如何提升自己，成就未來呢？關鍵就在於擁有敬業精神。

許多人並不懂得珍惜自己的工作。他們將工作視為僅僅是獲取薪水、滿足生計的手段，而非個人成長與價值實現的機會。他們沒有意識到，工作能夠激發一個人內在的潛能，磨練堅韌的意志，並塑造卓越的品格。如果一個人對工作充滿抱怨，甚至輕視自己的職責，那麼，他的職業生涯註定難以取得真正的成功，結果往往是：「今天不努力工作，明天努力找工作」！

一個年輕人前往一家著名的飯店當服務生。這是他的第一份工作，他對自己說：「我一定要努力，將來做一番大事。」

不過，事情並沒有朝他想像的發展，在新人受訓期間，主管安排他洗馬桶，要求是必須把馬桶擦拭得光潔如新。

這份工作本就不討喜，更別說要擦得光潔如新。當他拿著抹布伸向馬桶時，胃裡馬上就像哪吒在鬧海似的，讓他噁心得直想吐，卻又吐不出來。他沮喪地想：「工作不怎麼樣，倒是先把自己的胃弄垮了。」

為此，他對在這家飯店一展拳腳不再抱任何幻想。繼續做下去，什麼時候才會是個頭？也許自己該另謀發展，換個跑道？可他不想就這樣敗下陣來。

就在他猶豫不決的時候，一位前輩幫他擺脫了困惑。他親自在年輕人面前示範洗馬桶，一遍又一遍，直到抹洗得光潔如新。年輕人大感驚訝，頓時恍然大悟，這件事讓他深刻體會到，任何工作都有其價值，只要全心投入，終將開創屬於自己的天地。他痛下決心：「就算一輩子洗馬桶，也要做一名洗馬桶最出色的人！」

從此，他認真地對待洗馬桶的工作，毫不含糊，達到了無可挑剔的高水準。

他就是世界旅館業大王康拉德・N・希爾頓（Conrad Nicholson Hilton），他建立了享譽全球的希爾頓飯店帝國。

敬業精神將展現一個人的責任感和使命感。只有真正投入工作的人，才能為企業創造價值，並在工作中獲得成就感。敬業的員工工作並非只為了應付上司，而是將敬業視為一種專業態度，一種追求卓越的態度。

換位思考，站在老闆的角度，如果員工對工作敷衍了事，企業如何能夠發展？同樣地，如果我們希望自己事業有成，就應該把當下的工作視為自己的事業，秉持非做不可的決心。

職場中最寶貴的資產，就是敬業精神，而敬業最大的受益者，正是我們自己。你以為別人升職是靠運氣？不，那是你在裝死的時候，他們在咬牙撐場面。當我們對工作懷抱責任感與忠誠度，便能成為值得信賴的人，獲得更多的機會與發展。相反，缺乏敬業精神的人，往往容易養成拖延、推諉、不負責任的習慣，最終在職場上寸步難行，更難以達成理想中的成就。

有些人天生擁有敬業精神，而有些人則需要透過培養與實踐來習得。在這個社會，不主動、不負責、只想領薪水的模式，早就過期，我們應該更加積極主動，主動學習、主動承擔責任，才能不斷積累經驗，提升職場競爭力。

人生的道路上，成功屬於那些腳踏實地、全力以赴的人。讓我們為自己的事業努力，為自己的理想奮鬥，將敬業精神內化為習慣，做個讓人信任的狠角色！

# 第4章

# 讓自己「無可取代」

# 培養吃苦耐勞的精神

別羨慕成功人士的光鮮，他們的腳底繭比你臉皮還厚。吃不了苦，就準備一輩子吃苦。年輕不該是擺爛的藉口，而是你最大的本錢。能熬、能拚，才能站上天平升起的那一端。

臺上一分鐘，臺下十年功，在光鮮的外表之下，是無數滿頭大汗與淚水的累積。許多人誤以為成功人士過得是悠閒的生活，而吃苦的都是一些沒有真正本事的、只能被別人管著的人。然而，他們沒有看到，那些人之所以能成功，哪一個不是從吃苦中走過來的，只是他們不會傻傻吃苦，而是懂得抓住機會，擺脫平淡，逐漸走向成功。

吃苦耐勞是一種資本，能累積人生經驗，磨練意志，使人變得更成熟。一個人如果能夠吃苦耐勞，便具備了在事業上取得成功的基本條件。

李嘉誠幼年喪父，家中的經濟重擔便由他稚嫩的肩膀扛起。一般孩子十四歲的時候應該是在學校度過，每天徜徉書海，然而，生活的壓力卻迫使李嘉誠不得不選擇輟學，早早踏入社會。

在港島西營盤的春茗茶樓找到一份服務生的工作。每天清晨五點眾人都還在睡夢之中，他就得離開溫暖的被窩，趕到茶樓準備茶水及茶點。每一天的工作時間長達十五小時以上，是嚴酷的考驗與磨練。

舅父非常疼愛李嘉誠，為了讓他能準時上班，便買了一個小鬧鐘送他。李嘉誠把鬧鐘調快了十分鐘，以便讓自己第一個抵達茶樓。茶樓老闆對他的吃苦耐勞深為讚賞，李嘉誠也成為茶樓員工中加薪最快的一個。

曾經有人問過李嘉誠的成功祕訣，他講了這樣一則故事：

在一次演講上，有人問六十九歲的日本「推銷之神」原一平推銷的祕訣，他當場脫掉鞋襪，將提問者請上講臺，說：「請你摸摸我的腳板。」

提問者摸了摸，十分驚訝地說：「您腳底的繭好厚呀！」

原一平說：「因為我走的路比別人多，跑得比別人勤。」

李嘉誠講完故事後，微笑著說：「我沒有資格讓你來摸我的腳板，但我可以告訴你，我腳底的繭也很厚。」

李嘉誠的經歷和他講的故事，讓我們知道，成功沒有奧妙祕法，只有持之以恆的努力。不讓自己懶散，不包準一定能成功，但沒有耐心的努力，絕對不會有成功的可能。

我們也許沒有父輩傳承下來的產業，也沒有過人的天賦，甚至尚未掌握一技之長，但我們擁有最寶貴的資本——年輕與吃苦耐勞的精神。「吃得苦中苦，方為人上人。」這句話道出了成功的真諦。那些習慣吃苦的人，不再把挑戰當作折磨，而是視為成長的契機。他們能泰然處之，迎難而上，而怕吃苦的人，則容易對困難與挫折選擇逃避，自然難以成功。

上天對每個人都是平等的。但是後來，祂會垂青於吃苦耐勞的人，因為這樣的人更值得得到祂的垂憐和照顧，所以原本平衡的天平就慢慢變得傾斜。這世界就是這麼現實——能吃苦的，不一定成功；但連苦都吃不了的，連機會都別想聞到。成功從來不是什麼天降機緣，而是那些早就吃慣了苦、麻痺了痛、還能笑著繼續的人，用汗水一點一滴淬煉出來的。

你看李嘉誠、看那些白手起家的狠人，他們不是比你聰明多少，而是他們比你更能撐、更能忍，更不矯情。他們在你還在抱怨「生活太難」的時候，已經默默發展起來了。

而你呢？書讀一半說沒用，事做一天喊過勞，連累一點都怕，還奢望人生對你格外仁慈？拜託，就你現在這副「苦不想吃，成功卻很想要」的德行，還是先努力學會怎麼面對失敗比較實際。

所以，請你別再問「我該怎麼成功？」先問自己一句：你連苦都不敢吞，憑什麼擁有甜？

# 敢於突破，才能創造機會

**躲在舒適圈，只會讓你成為被時代淘汰的廢物。機會從不會眷顧膽小鬼，敢拚敢爭，才有資格喝上這口水。想成功？別當那隻餓死在岸邊的牛羚，現在就踏出去，否則你的人生只會乾渴而終。**

對於習慣安穩、害怕變動的人來說，冒險似乎是一種不必要的風險。然而，真正的機會往往藏在未知之中，只有敢於突破現狀的人，才能抓住時代的脈動，改變自己的命運。

敢於冒險並不等於莽撞行事，而是經過深思熟慮後，勇於挑戰傳統、打破規則、追求突破的決心。面對競爭與挑戰時，我們不再選擇隱忍，而是勇敢發聲、捍衛自己的價值，不讓機會白白流失。比爾・蓋茲曾說：「能力，就是去嘗試新的、沒做過的事。」如果一個人只會被動接受現有框架，不願主動探索未知，那麼終有一天，他將被時代淘汰。

在微軟這樣的科技巨頭，真正受到重視的，從來不是那些墨守成規、不敢嘗試的人，而是願意挑戰現狀，勇於創新的人才。他們寧可錄用曾經跌倒過、但依然奮起直追的人，也不會選擇那些習慣躲在舒適圈，沒有任何成就的人。因為他們相信：「錯過機會，比失敗更可怕。」

現代社會競爭激烈，選擇安於現狀才是最大的風險。當你不敢突破，別人就會取而代之，若不爭取權益，你就可能被剝削。成功從來不是天降的恩賜，而是來自於每一次的爭取與行動。

在非洲大草原上，有很多種動物在這裡生活。受到雨季和旱季的影響，牠們過著逐水草而居的生活。每當夏天來臨時，上百萬隻牛羚需要從乾旱的塞倫蓋蒂（Serengeti）北上遷徙到馬賽馬拉（Maasai Mara National Reserve）濕地。

在遷徙的途中，格魯美地河（Grumeti River）是唯一的水源，對牛羚群來說，這裡是延續生命，也是瀕臨死亡的地點。因為在河水裡，還生活著另一種可怕的動物——鱷魚，牠們靜靜地在水中等候著獵物到來。

這天，牛羚群來到一處適合飲水的河邊，領頭的牛羚緩緩走向河岸，其他牛羚跟著靠近，卻又因恐懼而退縮，引發一片騷亂。身後的牛羚一齊向前擁，慢慢將前面的牛羚擠到了水中，但牠們並不敢輕易低下頭去喝水，只是驚慌地注視著水面。

終於，一隻小牛羚鼓起勇氣，率先低頭飲水。突然，一隻牛羚一陣亂跳，使牛羚群再次騷亂。牠迅速從河中退出，回到岸上。只有那些勇敢地站在最前面的牛羚才喝到了水，大部分牛羚或是由於害怕，或是無法擠出重圍，只得繼續忍受著乾渴。

這與我們的職場、人生何其相似！面對不合理的待遇，如果選擇忍讓，老闆只會得寸進尺；如果不敢爭取更好的發展，機會永遠不會自動降臨。勇敢發聲、積極爭取，才是生存的關鍵。

有些人為了避免風險，選擇一條看似最安全的道路。然而，真正的安全感，不是來自於一份穩定的工作，而是來自於持續成長，擁有隨時轉身離開舒適圈的能力。

一個農夫整日在自家的農田間走來走去，像是在考慮著什麼。

一天，一個經過的路人問他有沒有種棉花。

農夫回答說：「沒有，我擔心天會下雨。」

路人又問：「那你種了花生嗎？」

農夫說：「也沒有，我擔心蟲子會把花生吃掉。」

路人一臉驚訝，接著問：「那你種了什麼呢？」農夫說：「為了確保安全，我什麼也沒種。」

一個不敢戰勝任何風險的人，只能在原地打轉，他似乎什麼也沒失去，但就像故事中的農夫一樣。他沒有失去棉花或花生或其他的種子，但是，他失去了這塊地可以帶來的收成。這正如那些害怕變動、不敢挑戰現狀的人，最終只能眼看著世界改變，而自己卻停滯不前。

人生短暫，與其選擇安逸，不如讓自己活得精彩。當遇到不公平的對待時，我們有權說「不」；當面對未知的機遇時，我們應該大膽嘗試，因為錯過才是最可惜的。我們要成為那個願意冒險、勇於爭取的人，而不是習慣接受現狀、任人擺布的棋子。與其平凡地過一生，不如做一個勇敢無畏、敢於打破常規的探索者。

如果你渴望成功，最大的關鍵就在於——不讓恐懼主宰你的選擇，而是勇敢踏出第一步！你不必盲目冒險，但一定要擁有挑戰未知的勇氣，並主動爭取屬於自己的機會。

唯有如此，你才能真正掌握自己的人生！

# 培養把握機會的能力

**機會不會等你準備好，猶豫只會讓你成為笑話。敢衝，才有翻盤的可能；等「完美時機」，只會撿到一頭沒尾巴的爛牛。別再想了，現在就行動，否則你的人生只能永遠在場邊乾瞪眼！**

機會不是天上掉下來的，而是靠主動爭取來的。很多人抱怨自己總是錯失良機，但其實問題並不在機會本身，而在於你是否有意識地去主動爭取，是否具備了抓住機會的能力。在這個競爭激烈的時代，只有敢於行動、勇於發聲的人，才能真正把握機會，創造價值。

在泰國，有一座奇特的雕像——從正面看，它是一位長髮飄逸的女子，但頭髮遮住了她的臉，讓人無法辨別她的美醜。當人們走到雕像的背後，才發現她的後腦光禿禿的，背上刻著「機會」兩個字。這座雕像被稱為「機會女神」，象徵機會來臨時，許多人因猶豫不決而錯過；當機會走了的時候，才發現是機會，卻已經來不及了，因為機會的背後什麼都沒有。

這座雕像提醒我們，當機會來臨時，與其猶豫，不如勇敢嘗試。不要等到機會離開後才後悔，因為錯過的就再也回不來了。

有一個年輕人非常想娶農場主人漂亮的女兒為妻。於是，他來到農場主人家裡求婚。農場主人仔細打量了他一番，說道：「我們現在一起去牧場。我會連續放出三頭公牛，只要你能抓住任何一頭公牛的尾巴，就能娶我的女兒。」

於是，他們來到了牧場，年輕人站在那裡，焦急地等待著農場主人放出的第一頭公牛。沒多久，牛欄的門打開，一頭公牛直衝而來，這是他見過最大、最醜的一頭牛。他想，下一頭應該比這一頭好吧！於是，他退到一邊，讓這頭牛穿過牧場，跑向牛欄的後門。

牛欄的大門再次打開，第二頭公牛衝了出來。然而，這頭公牛不但體形龐大，還異常兇猛。牠站在那裡，蹄子刨著地，嗓子裡發出「咕嚕咕嚕」的怒吼聲。

「哦，這真是太可怕了。無論下一頭公牛是什麼樣的，總會比這頭好吧。」年輕人心裡想，並再度退開了。

過沒多久，牛欄的門第三次打開了。

當年輕人看到這頭公牛的時候，臉上綻開了微笑。這頭公牛不但形體矮小，而且非常瘦弱，這正是他想要抓的那頭公牛！當這頭牛向他跑過來的時候，他看準時機，猛地一躍，正要抓住牛尾巴時才發現——這頭牛竟然沒有尾巴！

機會不會等你準備好才降臨，也不可能按照你的期望發生。與其期待「完美時機」，不如勇敢把握當下，因為錯過了，可能就再也沒有了。

不要相信「默默努力就會被看見」，這種老掉牙的勵志謊言了，真正能讓你翻身的，不是你深夜苦幹的眼淚，而是你敢不敢站出來說：「這是我的，我要。」機會不會主動來敲門，也不要以為機會會像一個到你家裡來的客人，會在你門前敲門，等待你開門把他迎接進來。恰恰相反，機會是流動的資源，不是自助餐，想吃就得先搶，搶不到就只能餓著。所以，不要溫柔，不要含蓄，不要等——去說、去爭、去搶，才配得上你自以為很努力的人生。

楊紫瓊早年在香港以動作片女星出道，不少人只把她當「打女」，沒人覺得她能演出什麼層次角色。後來她轉戰國際影壇，卻一再碰壁，幾度被好萊塢當「亞洲臉」擺拍邊緣角色。

直到她遇到《媽的多重宇宙》，她說自己終於等到一個機會「不只是打」，而是演出一個角色的靈魂。她抓住了這個看似瘋狂又破格的劇本，一戰封后，成為奧斯卡首位華裔影后。

在那場領獎臺上，她不是哭，而是狠狠地說了一句：「別讓任何人告訴你，你的黃金時期已經過了。」那不是感人，是爆炸性的釋放。。

能力不是你說有就有，是你得有舞臺證明。但這世界的舞臺，不是租來給你表演的，是你得衝上去搶。就像楊紫瓊那樣——你不站出來說「輪到我了」，永遠都只是配角。

「我的價值，由我自己來決定」。機會不是等來的，需要主動爭取。若沒人給你機會，就自己創造機會。聰明人不是不會錯過機會，而是就算錯過，也不會錯過下一次。他們不靠運氣，他們靠夠狠，夠等、夠衝。

當我們還不為人關注的時候，都是處於一個積蓄實力的階段——那段時間不是沉澱，是測試你到底能不能撐住、撐夠久、撐出價值。等機會真的浮出水面時，能不能一口氣撲上去咬住，就是你值不值得擁有的證明。因為這世界不缺有潛力的人，只缺敢出手、出得快又準的那一個。

# 攜手共贏，才是真正的強者

別再幻想一人獨占天下，單打獨鬥的時代已經過去了。成功是靠合作，靠別人的智慧和力量。別怕「吃虧」，放下短期利益，長遠來看，合作才是你唯一的出路。懂得合作，才能創造無限價值。

單打獨鬥的時代已經過去，真正的成功來自於有效的合作。我們可以輕易折斷一根筷子，但一把筷子卻難以折斷——這就是團結與合作的力量。無論是職場、商業，還是人際關係，懂得與他人合作，才能獲得更穩固的發展基礎。

與人相處是生活的基本技能，但要相處得和諧卻並不容易。由於每個人的年齡、性格、經歷、價值觀都不同，難免會產生矛盾。然而，真正聰明的人不會總是站在自己的立場看問題，而是學會換位思考，尋找共贏的解決方案。

在現今社會，單靠個人的力量很難獲得長遠的成功。懂得借助別人的長處來補足自己的短處，才能提高效率，創造更大的價值。

希爾頓酒店集團是全球知名的酒店品牌，旗下旅宿遍布世界各地，擁有數百家豪華酒店。它的成功，除了高品質的服務與設施，更關鍵的是它的團隊合作精神。

創辦人康拉德・希爾頓在服役期間深刻體會到，在戰場上，每個人的生存都依賴於戰友的支持與保護。這種團隊合作的概念被他帶入酒店管理中，讓希爾頓集團的員工在工作中彼此支援，形成強大的凝聚力，最終在競爭激烈的市場中立於不敗之地。

希爾頓曾說：「我最大的幸運來自於擁有志同道合的夥伴，我的成功來自於與他們的緊密合作。」這句話正是企業經營中最重要的啟示：個人再強，也比不過團隊的力量。

超級億萬富翁、多次躋身《富比士》中國富豪榜、中國第一個獲得小行星命名榮譽的企業家張果喜，就是一位善於借別人之力為自己賺錢的經商高手。

張果喜素有「巧手大亨」之稱，他看準了佛龕在日本市場的潛力，便聚集員工進行分析、達成共識，使產品在日本市場一炮而紅，成為日本佛龕市場的老大哥。

公司為了經營所需，在日本委託了代理銷售商，但一些富有眼光的日本商人看到經營這種佛龕有大利可圖，為了賺更多的錢，就想繞過代理商這一關，直接從果喜實業集團進貨。

張果喜仔細地考慮了這件事情。從眼前利益而論，客戶從廠方直接訂貨，確實減少了許多中間環節，有利於廠方的銷售，然而卻破壞了與代理商之間的關係，其他地區也不乏佛龕的生產，若代理商背著自己，與那些地區的生產商掛鉤，豈不影響了公司的利益嗎？

張果喜果斷地回絕了那些要求直接訂貨的日本朋友，並且把情況轉告給代理商。他對代理商表示，公司在日本的業務全部由代理商處理，公司不會經由其他管道向日本出口佛龕。

代理商聽後，很受感動，在佛龕的推銷和宣傳上下了很大的功夫，並且在日本市場打出了「天下木雕第一家」的金字招牌，讓張果喜公司的佛龕在日本市場上屹立不搖。

合作不是短視的取捨，而是長遠的布局。適時放棄眼前利益，才能獲得更穩固的市場與信任，這才是真正高明的商業智慧。

在合作中，很多人擔心自己會「吃虧」，但真正有實力的人並不害怕合作，因為他們知道：真正的合作不是單方面的付出，而是互相成就。

與不同的人合作，不僅能拓展視野，還能獲得不同領域的資源與機會。你的專業能力或許能為別人提供價值，而對方的經驗、人脈，也可能幫助你在關鍵時刻突破瓶頸。因此，真正的成功者，是你能不能提供價值，能不能在別人資源卡住的時候變成那個解鎖的關鍵。你不願意分享，不是因為你精明，而是你根本沒籌碼。

成功的道路上，沒有人能單打獨鬥，別再迷戀什麼「獨行俠光環」，單打獨鬥在電影裡帥，在現實裡只會累到吐血、最後還被團隊幹掉。合作不只是利益交換，更是一種戰略思維。那些願意攜手共進、彼此成就的人，往往能走得更遠、飛得更高。

無論是在職場、商場，還是日常生活，學會合作，就是學會創造更大的價值。當你懂得團結夥伴、互相支持，你就不再是孤軍奮戰，而是擁有了一股強大的力量——這才是真正的競爭優勢。

# 會創造價值的人，才是真正吃香的人

別再抱怨沒人重用你，問題是你根本沒價值。真正的強者懂得讓自己成為別人的「必需品」，不斷創造價值，讓自己無可取代。別等機會敲門，自己把門打開，利用智慧，讓世界來需要你。

在這個競爭激烈的時代，真正的強者不是那些獨來獨往的人，而是那些懂得如何讓自己變得「有價值」、能夠被他人「利用」的人。這並非意味著任人剝削，而是指我們擁有不可替代的能力，能夠在合作與互惠中成就自己。我們都渴望成功，也甘願為此努力奮鬥。不過只是死板地去追求成功的話，很難在強烈的競爭中出人頭地，我們還需要有處理和解決問題的智慧，有能將絕境化為順境、將不可能的事情變成現實的智慧。

數百萬年前，靈長類開始在地球上生存。與其他動物相比，我們的力量比不上大象，聽覺不及蝙蝠，視力遜色於老鷹，嗅覺更遠遠落後於狗。然而，今天站在食物鏈頂端的卻是人類，憑借的全是智慧的力量。我們用智慧製造工具、發展科技、組織社會，讓自己的影響力超越身體的局限，最終成為地球的主宰。

這種智慧不僅體現在科學技術上，更體現在我們對環境的適應能力、對機會的把握能力，以及與他人合作、互利共贏的能力。

傳說中，有一隻老虎在森林裡走著走著，突然聽到了一陣響亮的鞭打聲。

老虎循聲望去，看著眼前的景象，大吃一驚。牠看見了強壯、勇猛的水牛拖著大犁，蹄子陷在泥淖裡，埋著頭，艱難地向前移動。水牛雖大汗淋漓，氣喘吁吁，但牠並不反抗。更令老虎不解的是，驅趕水牛的竟是一個瘦弱的農夫。

於是，老虎問道：「水牛，你這麼強壯，為何要聽命於軟弱的農夫？」

水牛聽了，湊到老虎耳邊說：「人類擁有智慧，力量強著呢！」

老虎聞言，跑到農夫面前，裝出恭順的樣子，向其請求：「無所不能的人類啊！請您讓我看一眼您的智慧吧！」

農夫對老虎說：「真是不巧，我把智慧忘在家裡了，我可以回去拿，但怕你吃掉我的牛，所以我得把你先捆起來。」

「沒問題。」老虎爽快地答應了，農夫將牠綑綁後隨即離去。

可憐的老虎在那等了好半天，終於等到人來，但可不是一個，而是一群手裡都拿著大木棒地人類。老虎頓時感到眼前發黑，身子一軟，倒臥在地。人們擁過來，一舉將「森林之王」請進了籠子。

老虎絕望了，哀求道：「請您讓我看一眼您的智慧吧！」

農夫不慌不忙地回答：「這就是我們人類的智慧呀！」

這就是人類的智慧，是人類能夠凌駕所有物種，成為地球主宰的重要原因。想要得到他人青睞，取得業績，需要我們不斷地努力爭取。尤其在工作實務中，我們更常體會到人類智慧的重要性。有個關於行銷的精彩案例，即是「賣梳子給和尚」的故事。

我們都知道和尚是沒有頭髮的，買梳子能有什麼用途呢？多數推銷梳子的人都會被這個難題給困住，根本不想浪費時間精力去想方設法，結果當然一把梳子也沒賣出去。可是令人驚訝的是甲、乙、丙三人都成功將梳子賣給了和尚，這是怎麼一回事呢？

甲僅賣出了一把梳子，乙賣出了十把，而丙竟然賣出了一千多把梳子。他們能夠順利成交的祕訣是什麼呢？

甲說，他一共跑了六座寺院，受到了無數和尚的臭罵，終於遇到一位好心的小和尚，跟他買了一把梳子。

乙說，他去了一座名山古寺，由於山高風大，把前來進香的善男信女的頭髮都吹亂了。乙便向住持表示：「蓬頭對佛祖是不敬的，應在每座香案前擺放一把梳子，供善男信女敬神前梳頭。」住持認為有理，由於寺裡一共有十座香案，於是便買下了十把梳子。

丙來到一座頗富盛名、香火極旺的深山寶剎，對那裡的方丈說：「凡是來進香的人，都有一顆虔誠的心，寶剎應有回贈，保佑他們平安吉祥，鼓勵他們多行善事。我這有一批梳子，您的書法超群，可刻上『積善梳』三個字，然後作為贈禮送給他們。」

方丈聽了大喜，立刻買下一千把梳子。

這三種不同的銷售方式，體現了不同層次的智慧。甲依靠毅力，乙學會換位思考，而丙則創造了全新的價值。這說明了：真正的成功，不僅需要永不放棄的精神，更需要有打破常規的智慧。

很多時候，面對困難與挑戰，我們會選擇硬碰硬，但這往往並非最佳選擇。真正聰明的人，懂得用最小的成本獲得最大的回報。這不僅能節省時間與精力，更能讓自己成為不可或缺的存在。一個具備智慧的人，能夠在被「利用」的過程中創造價值，最終獲得更大的回報。這種智慧體現在：

**1. 懂得如何讓自己不可替代：**無論在哪個領域，都要培養核心競爭力，讓自己成為獨特且不可取代的人才。

**2. 學會換位思考，找到雙贏模式：**不只是滿足自己的需求，而是思考如何在合作中為對方帶來價值，這樣才能獲得更長遠的成功。

**3. 善於尋找機會，化不可能為可能：**打破傳統思維，發掘新的可能性，才能在競爭中脫穎而出。

被人利用，並不可怕，關鍵在於我們是「被剝削」，還是「被需要」。聰明人不是不被利用，而是選擇誰來用我、用來換什麼。被需要是價值，被剝削是便宜貨。你要做的不是逃避「利用」，而是升級自己，讓人想用你之前，得先付出代價。

然後別再用「我覺得這樣比較好」來處理問題，直覺可以當衝動的藉口，但別拿來當策略。碰到問題的時候，如果只是憑著感覺胡搞一番，只是浪費時間，能解決問題的是腦，不是熱血。一個只靠衝動、沒在動腦的人，頂多當燃料，不可能當領頭羊。

想贏，就先讓自己值錢；想快，就別靠感覺解題。思考，是你唯一不會被偷走的槓桿。

# 第5章

# 主動創造被利用的機會

# 主動創造價值，讓機會找上你

別再躺著等機會掉下來，世上沒人會把成功送到你手上。
真正有價值的人會主動抓住每次挑戰，讓自己不可或缺。
別怕「被利用」，你要做的是讓自己變得足夠強大，讓世界來需要你。

真正聰明的人不會坐等機會降臨，更不會讓自己成為任人差遣的「工具人」，而是懂得在不同環境中發揮自身價值，進而獲得更多成長與機遇。他們不害怕辛苦付出，因為他們知道，每一次累積的經驗，都是為未來鋪路的養分。

有些人遇到挑戰時會抱怨：「這不公平！為什麼要我來做？」但真正有遠見的人會

問：「我能從這個機會學到什麼？」成功從來不是被動地等待，而是主動創造的過程。

有一個叫高傑的男孩，母親是一家廣播電臺的主播，父親是一所大學的教授。在他的心裡，從小就埋下一個心願——想成為一名擁有高收視率、屬於自己訪談節目的優秀主持人。

高傑與朋友聊天時，總能引導他們將憋在心裡的話說出來。他自認有足夠天賦能打造一個成功的訪談節目，周遭的朋友都確信他能實現這個夢想。但他卻沒具體想過該怎麼才能使夢想實現，甚至覺得自己欠缺的只是運氣。

他一直在默默地等待機會來臨，渴望能一瞬間從待業青年變成節目主持人。結果什麼都沒發生。剛開始時他還信心滿滿，後來他變得越來越消極，也越來越懷疑自己的能力，漸漸變得頹廢。

四年後，他在無意間意外發現，電視上出現了一個老同學主持的節目，深獲觀眾歡迎，細查之後發現該節目已成為同類節目翹楚。

這個同學叫馬均，在高傑的印象裡，他並不是特別出色，生活也一直很拮据，但是他怎麼成功的變成一名著名的主持人呢？

原來，馬均來自一個偏遠的農村，獨自在外打拚的他，沒有穩定的經濟來源，所以，當他畢業後就積極尋求工作機會。但是，由於沒有經驗，畢業了三個月也未能收到一個錄用通知。每天他都持續認真關注並盡可能報名參與每一場招募，始終沒有放棄。

一天，他終於發現了新的機會，一間規模不大的公司正在招聘一名播報整點路況的廣播人員，他馬上投遞簡歷，前往面試，結果很成功。他在那裡做了兩年，後來輾轉換到一家規模較大的廣播公司找到一份新的工作。不久後，他又轉換跑道到電視臺工作，所主持的節目深受觀眾喜愛。當高傑看見他的電視節目時，馬均已經是一位優秀的節目主持人了。

沒有人會直接把夢想端到你面前，你必須透過一次次的嘗試與努力，逐步累積實力，才能真正抓住屬於自己的機會。不妨想一想，如果自己在很長一段時間裡都沒有工作，一直處於失業狀態，我們會是什麼樣的心情。沒人會覺得開心，每天會像發了瘋似的為工作而奔走，這不僅僅是為了生活的需要，更深入的想法在於，我們不想成為一個別人眼中的廢人，不想成為一個一無是處的人，不想成為一個放棄自己夢想的人。我們有著太多的不想，最終就是為了實現自己的目標，這就需要我們每一個人勇敢地走出去。

許多人害怕「被利用」，但一個能夠取得成功的人，會以正確的態度面對「被利用」這件事，關鍵是你是否能從中獲得成長與價值。若你只是無條件接受別人的要求，卻沒有累積經驗，那確實是「被剝削」。但如果你能從每次的挑戰中學習新技能、建立人脈、提升影響力，那麼這不再是「被利用」，而是你在打造更強的自己。

當你在團隊中能解決關鍵問題，當你具備別人無法取代的能力，機會自然會找上你。與其擔心自己「被利用」，不如思考如何讓自己變得更有價值，讓你在任何環境中都能發光發熱。

如果你總是在等待「公平」的機會，那可能永遠等不到。這個世界的規則是：

1. 你願意學習，機會才會出現。
2. 你肯踏出第一步，才會有人願意投資你。
3. 你具備實力，才會有更多選擇權。

別讓「不想被利用」成為你停滯不前的藉口。真正的智慧在於——學會選擇對自己有利的挑戰，並透過努力讓自己變得不可或缺。

當你足夠強大時，世界會給你應得的位置。

# 職場不甩鍋，勇敢爭取應有權益

別當「背鍋俠」，也別讓自己成為隨時任人推卸責任的工具。職場上，清楚分工、勇敢發聲，別讓不合理的指責成為你的職業標籤。學會保護自己，並展示真正的價值，這才是長遠的成功之道。

明明是自己一手促成了一樁交易，給公司帶來利潤，最後卻是別人邀功？給公司造成負面影響的事情明明跟自己一點關係都沒有，上級心裡也清楚，卻偏偏受到牽連？在職場上，「甩鍋」是一種常見但不應該被接受的現象，我們應該學習如何明確界定責任，勇敢表達立場，避免成為被動承擔責任的人。

方潔是一家鋰電池原料加工公司的生產線計畫員，負責每一台機器每天的工作內容，例如投什麼原料、投多少原料、機器運作時的溫度設置等等。一次，她所在生產線的一名員工在投放原材料時，誤把錳酸鋰看成鈷酸鋰投入混料罐中，既影響整個生產線的原料投放計畫，更耽誤了發貨時間，為公司帶來了鉅額損失。公司的處置是：嚴懲該生產線的主任，並扣除該生產線各主管及員工當月的績效獎金。

消息一出，員工紛紛不滿：「明明是某個人的錯，為什麼要大家一起受罰？」

面對這種情況，方潔選擇了溝通與爭取，而非默默接受。她向主管建議，應該對事件進行詳細調查，確保懲罰對象符合實際責任歸屬，而不是一刀切地影響無辜員工的薪資。她的積極發聲，讓主管重新評估決策，最終公司決定改變方案，僅對相關責任人進行處理。

這件事讓方潔贏得了同事的尊重，她展現了專業與責任感，而不是一味接受不公的決策。在職場上，當面對不合理的懲罰時，與其選擇忍氣吞聲，不如主動提出合理解決方案，這才是真正的職場智慧。

其實，處理這樣的意外事件並不在方潔的職責範圍之內，但她的調解得到了大家的讚許，爭議協調成功，也幫主任排除了勞資糾紛。方潔的功勞，主任銘記在心，對日後的互動合作帶來助益。

當主管遇到困難時，誰能主動為主管排擾解難，未來自然更容易獲得升遷的機會。方潔心甘情願為主管效勞，為主管所用，主動創造出一個被人利用的機會，正是一個聰明人的作為。

方潔的例子是團隊成員出紕漏，自己主動協助主管化解問題。還有一種狀況，明明是主管造成損失，卻推託責任讓無辜的人承擔。這時身為苦主的你，能裝糊塗就裝糊塗，不用去據理力爭。因為若面對的是個不合格的主管，就算硬是幫自己掙回了「清白」，那又如何？說不定主管覺得自己面子掛不住，未來不時地找碴，那可就划不來了。

真正聰明的主管，其實心裡跟明鏡似的，如果他們將責任歸咎於你，說不定事出有因，這時你大可以一名得力助手自居，為主管分憂解難，也可藉這個機會證明自己處理突發狀況的能力。

「背黑鍋」是創造機會被人利用的一種方式，也是展現自身利用價值的一種手段。但是，在替人背黑鍋的時候，也要有原則，不能什麼黑鍋都往身上攬，讓人輕易將黑鍋扣在你身上。

王宏是一家進出口貿易公司的業務員，在別人眼中，他是一個老實人，主管也喜歡把各種責任怪在他的頭上。本來，王宏還以為這樣能拉近與主管之間的距離，就算被利用了也無所謂。結果不到半年的時間裡，他就為主管背了四次黑鍋。

就這樣，王宏簡直成了一塊擋箭牌，「背黑鍋」似乎成他主要的任務。對於背黑鍋，他的想法是「這些事情並不是自己馬虎或能力不足所造成的，而是在幫主管解決問題」，並認為今後在工作時肯定能順利得多，自己問心無愧。

後來公司又接了一筆新訂單，主管有意讓王宏負責，但合作對象得知後，馬上致電表示反對，他們認為王宏做事不認真，把訂單交給他負責，他們不放心。

王宏這才驚覺，長期默認背鍋，讓他在外界的形象變成了一個「不負責任、經常出錯的人」，而這樣的標籤，直接影響了他的職業發展。

從這次經驗中，王宏意識到：職場上，適當承擔責任是必要的，但不代表要默默接受不合理指責。他開始在每次專案執行時，做好溝通、保留證據，確保自己的工作成果能被看見，並在不屬於自己責任範圍內的錯誤發生時，勇敢表達事實。

人的信譽和口碑是很重要的，人們口中常說的「攢人品」為的就是用在關鍵時刻。糊裡糊塗地老是幫人背黑鍋，並不能提升自己的人氣和影響力，只給人留下一個不負責任的印象，最終受到傷害的還是自己。因此，對於「背黑鍋」，我們要有十分清楚的認知，關鍵在於要明白責任取向。「背黑鍋」也是一門學問，什麼時候能背？該怎麼背？甚至，如何避免成為「背鍋俠」？

1. **清楚工作職責：**在進行每項工作時，明確了解自己的職責範圍，確保不為他人的錯誤買單。

2. **保留工作記錄：**透過郵件、會議紀錄等方式，記錄自己的工作內容，當問題發生時，可以有依據說明責任歸屬。

3. **勇敢發聲，不盲目接受：**當發現責任被不合理地推卸時，不要選擇沉默，而是以理性、專業的方式與主管溝通。

4. **培養獨立解決問題的能力：**與其等待別人幫忙澄清，不如提升自己的影響力，讓更多人認可你的專業與價值。

敢於表達、勇於爭取應有權益，不讓別人隨意甩鍋，才能在職場上走得更長遠。當「黑鍋」降臨的時候，我們不能被它打亂了陣腳，要清楚這個「黑鍋」到底有多大，有多黑，在不在自己的承受範圍，量力而行。可以背的「黑鍋」就要完美的處理好，不可以背的決不妥協。

# 如何展現自己的價值？

別再等機會掉下來，職場就是要主動創造。挑選對自己有價值的機會，別做別人的工具人。學會溝通、專業、拒絕無償加班，持續學習，讓自己變得不可取代。記住：沒人會給你機會，只有實力。

在職場上，機會從來不是天上掉下來的，而是靠自身努力與眼光爭取來的。然而，並不是所有的機會都值得我們去爭取——我們要學會篩選，挑選能真正帶來價值與成長的機會，而不是讓自己成為別人的工具人。

許多人認為，機會就像彩票，總有一天會落在自己頭上，於是選擇默默努力，等著被主管或上司賞識。但事實上，職場是個競技場，而非單純的苦勞累積賽。成功的人不會坐等機會降臨，而是懂得主動尋找、爭取、甚至創造屬於自己的機會。

當我們想在職場上獲得更好的發展時，應該思考的是：

1. 這個機會對我有沒有長遠價值？

2. 這個職務能否讓我發揮專長，累積經驗？

3. 這個環境是否公平，讓努力與回報成正比？

學會選擇適合自己的機會，而不是被動等待或毫無保留地付出，這才是現代人應該具備的職場思維。

小華對商業廣告極有研究，且善於從嚴酷的現實中創造機會。他以求職為目的前往一家大公司拜訪經理，但是會面之後，他始終沒有透露自己此次來訪的目的。在與經理談天的過程中，他不斷闡述自己的廣告理念，大談自己對廣告商業運用的心得，舉了許許多多有力的例子。

由於他豐富的學識經驗，成功從談話中吸引經理的賞識。無需提出謀職，經理便主動邀請他為公司試辦設計廣告的事務。他的目的達到了，僅憑一席話為自己創造了機會。

那麼，我們應該如何讓機會來找自己呢？以下的關鍵心法可以供大家參考：

### 1.養成「有話直說」的職場溝通能力

許多人習慣壓抑自己的想法，害怕向主管表達意見，擔心被貼上「不好管理」的標籤。但事實上，優秀的主管不會喜歡唯唯諾諾、沒有想法的員工，而是希望下屬有主見，能夠獨立思考並提供建設性建議。

如果你發現某個專案的流程不合理，與其悶不吭聲地照做，不如勇敢提出改進方案，讓自己成為團隊中的價值提供者。這樣的表現，才能真正讓主管與同事認可你的能力。

### 2.展現專業，而非盲目討好

過去的職場文化強調「服從」，但現代企業更重視「實力」。許多人習慣過度討好主管，認為只要聽話、任勞任怨，就能獲得升遷機會。但真正能在職場長遠發展的人，靠的不是討好，而是專業能力與績效。

當主管分配任務時，與其說「我什麼都可以做」，不如強調自己的專長與價值，讓主管知道你能在哪個領域發揮最大作用。這樣不僅能提升你的競爭力，也能避免成為雜務處理員，最終累死自己，卻沒有得到應有的回報。

### 3.拒絕「無償加班」與「情緒勒索」

許多職場新鮮人會遇到被迫接受無償加班、被灌輸「公司就是你的家」等情緒勒索，甚至有些主管會說：「這是對你的考驗，你要懂得吃苦，未來才有升遷機會。」

但事實是，職場的付出應該要與回報成正比，當一個企業無止盡地要求員工付出卻沒有相對應的報酬或發展機會時，那就是職場PUA的典型手段。敢於拒絕不合理的要求，是對自己負責，更是對職場環境的改變。

**4.不做沒有價值的工作，學會時間管理**

當主管交代一些不屬於自己職責範圍的瑣碎雜務時，不少人會選擇默默接受，害怕拒絕會影響自己的評價。但長期下來，這些雜事只會讓你變成「全能助理」，而非「專業人才」。

所以，學會篩選自己的工作內容，專注在能提升專業能力的項目上，才是長遠發展的關鍵。如果主管頻繁指派無意義的工作，可以嘗試委婉地說：「這件事情我可以協助一次，但如果這是長期性的工作，可能需要找專職人員來處理，這樣才能確保專業性。」

**5.持續學習，讓自己具備不可取代性**

在變化快速的職場環境中，能夠不斷學習、進步的人，才是最有競爭力的。如果你希望未來的機會能主動找上你，那麼就必須不斷強化自己的核心能力，讓自己成為某個領域的專家。

當你的能力強大到無可取代時，不僅不用擔心沒有機會，甚至可以自己選擇最適合的發展道路。

# 事事親力親為，真的高效嗎？

**職場不是自我虐待賽，學會用人，把團隊當資源，才能成就你和團隊。**

在職場上，懂得合作與資源整合的人，往往能走得更遠。與其單打獨鬥，不如善用團隊的力量，共同實現目標。在這個強調個人價值與公平互惠的時代，我們不應該「被剝削」，也不應該「單方面利用」他人，而是要學會有效協作，達成雙贏。

不久前，小張被晉升為公司的部門經理。他已經在這家公司工作了好幾年，對他而言，也算是有了出頭之日，從此，他對工作更加勤奮，近乎總是處在一種亢奮的狀態。每天，他都不願耽誤一分一秒，甚至在走路和吃飯時手裡也拿著工作專案表，忙個不停。

小張是一個做事十分仔細負責的人，當了部門經理之後，只要是自己職責範圍內的事，不管大小，他都會親自做主，擔心別人會出什麼差錯。

雖然小張很努力，也想成為員工的表率，可是每當他指派下屬新任務時，員工總是回答：「經理，我們已按照你的指示做了，有了一些進展，但任務尚未達成，需要更多的時間與執行資金……」

天哪！小張時時感嘆，自己累得精疲力盡，結果卻總是與想像背道而馳。工作的進展不大，人倒是瘦了好幾圈。終於有一天，他實在扛不住了，累倒在辦公室裡。當他緩過神來，終於選擇了休假，董事長看著他，給他講了一個故事。

一個人置身於沙漠之中，在這種惡劣的環境下，人盡皆知的重要生存條件就是水源，否則碰上了飢渴難耐的絕望，人類的求生欲望會大大減弱。不過，並不是沒有辦法找到水源，有一種小猴子，就能完全派上用場。

這種小猴生長在沙漠之中，對水分的需求很小，幾乎不用喝水便能存活。由於小猴子一直在適應的沙漠氣候中生活，所以牠們尋找水源的能力也遠遠超過已知的其他任何沙漠生物。有時候，當人們面臨連駱駝都無法找到水源的狀況時，便會盡可能大量餵食小猴子食鹽，使猴子產生迫切需要代謝體內鹽分的飲水需求，然後憑藉牠們尋找水源的天賦本能，便能引導人們找到迫切需要的綠洲……

董事長意味深長地說：「你的確對工作投入了很多精力，不過並不需要什麼事都親自去做。善於利用他人也許效果會更好，工作起來更輕鬆。所謂的他人就如故事中的『小猴子』，土著們合理利用了牠的天性，讓『小猴子』不知不覺中成了成功的階梯。你也不妨試著學學土著們，讓『小猴子』為成功多效勞！」

雖然這只是個小故事，卻耐人尋味。董事長的一番話讓小張深受啟發：這才意識到問題的關鍵——他不是不夠努力，而是沒有真正發揮團隊的力量。

回去後，小張一直在琢磨董事長的話，第二天上班時，他一改過去的工作方式，把工作一一分配給團隊的工作人員，自己一下子輕快許多。下班時，他開始檢查同仁的工作進度，讓他頗感意外的是，同仁的工作效率比以往要高很多，每個人都做得很出色。

一段時間後，小張帶領的部門業績快速成長。這種善於利用他人思維的方法，激起了員工對工作的熱忱，燃燒員工的鬥志，小張則變得更加愜意。

現代職場已經不同於過去「上對下」的管理模式，而是更強調團隊合作與資源整合。在我們周圍，不乏身處管理崗位的人，他們知道利用他人做好工作的重要性，但有些事情就是不放心讓下屬去做。他們認為，自己才是做好這件事情的最佳人選，有一種高人一等的滿足感和優越感。但是，這樣就會出現一個問題：當他們的下屬再次遇到類似的問題時，還是不知道該如何去解決。或者是下屬已經知道怎麼去做，能夠獨當一面，但他們還是不給下屬獨自完成任務的機會。

這樣的後果是很嚴重的，下屬會覺得這樣的管理者是自私的，在他們的手下做事，根本不能發揮自己的能力，更別提實現自己的價值。一個有能力的人是不會一直讓自己被閒置的，時間一長，他們會厭倦現有的工作，產生不滿情緒，和管理者的矛盾激化，最後肯定是另謀高就。

不管是管理者還是被管理的人，都應該懂得利用各自的優勢和特長。管理者可以利用下屬的不同能力實現效益的最大化，被管理的人可以利用管理者提供的機會充分展示自己的能力，得到更多的人的認可。

一個人也好，一個集體也罷，不要嫉妒別人的能力比你強，而應懂得借助他人的力量與智慧，為我所用。別人的強，不是你自卑的理由，是你該按下「合作」這顆神聖求生鍵的時機點。你可以不會什麼，但你不能不會選隊友；你可以沒資源，但你不能沒腦子。在這個殘酷的世界裡，不靠自己是死，只靠自己更是死得難看。

# 雙贏是最完美的利用關係

別再忍氣吞聲，別再當被剝削、利用的傻瓜，拒絕單方面的犧牲。雙贏不是你一味付出，而是共榮共成長，學會尊重，否則就別怪我走。

在利用與被利用的人際關係中，很容易遇到這樣的情況：既要滿足自己的要求，又要滿足別人的需要，這實在是一個讓人頭疼的問題。從各自需求的角度講，能夠實現雙贏，將雙方利益最大化無疑是最完美的結局。

我們在職場上奮鬥，當然希望自己的努力能夠得到應有的回報，而公司則希望員工能為企業帶來成長。這是一種互惠的關係，而非單向的利用。與公司一起成長，確保自身價值的實現，才是當代職場人的選擇。公司尊重員工的價值，員工才願意貢獻才能，這才是健康的職場生態。

一九九九年底，李彥宏抱著複雜的心情從美國矽谷回中國大陸創業，他決定要做中文搜尋引擎。「眾裡尋他千百度，驀然回首，那人卻在燈火闌珊處。」辛棄疾的這個名句給了他某種靈感，他為自己初創的網路搜尋引擎取名為「百度」。

五年多過去，二〇〇五年八月五日，百度股票在美國那斯達克正式上市發行，發行價二十七美元，開盤價是六十六美元。之後一路狂飆，到交易首日收盤時，百度股價定格為一百二十二・五美元，市值達到三十九・五八億美元，股價漲幅達到了三百五十三・八五%！創造了美國股市二百一十三年以來外國企業首日漲幅的最高紀錄，並成為美國歷史上上市當日收益最多的十大股票之一。

「不鳴則已，一鳴驚人」。六年的苦苦追尋與堅持，李彥宏成功了，他和百度以近乎完美的形式向世人彰顯了新經濟的魅力。百度上市，企業瞬間造就了八個億萬富翁，五十一個千萬富翁，兩百四十個百萬富翁。而那時，百度員工的平均年齡只有二十三歲。

團隊的成功來自於彼此尊重與共同奮鬥，而非單方面的犧牲與忍讓。許多管理者口口聲聲說要雙贏，但實際行為卻只在乎自身利益，讓員工過度付出而得不到回報，這樣的模式早已行不通。真正的雙贏，應該是你幫助別人成長，同時也讓自己獲得提升。換句話說，只有彼此都能在合作中受益，這樣的合作關係才會持久。

雙贏不是單方面的忍讓，而是尋找共同的成長點。例如，在競爭激烈的市場中，企業與員工、同事之間，甚至與客戶和對手的關係，都應該以互利互惠的心態去應對，而不是只顧自己得利。以「殺敵一千，自損八百」的方式應對問題，最終只會導致雙方俱損。

雙贏不是簡單的一加一等於二，真正的雙贏，是基於互相尊重與互相成就。站在對方的角度思考問題，才能找到共同的平衡點。如果只考慮自己的需求，不僅難以解決問題，還可能讓合作關係惡化，最終造成更大的損失。「雙贏」不是先「取」後「給」，而是先「給」後「取」，因為當我們促成對方的成功，也會在這個過程中獲得回報。

不要好傻好天真的被動接受「被利用」的職場文化，而是勇敢爭取合理的權益。所謂的「雙贏」，不是你滿頭汗他爽領功，而是你有籌碼，他不敢輕忽；你能扛事，他才得給你位置。記住：這年頭，不是你不該被利用，而是你得聰明地選擇怎麼被用、被誰用、用來換什麼。最理想的利用，是你主動設局，讓自己變成那個不能缺、不能甩、不能沒你的位置。這種「我被你用，但我用你更多」的關係，才叫平衡。

# 第6章

# 讓自己快樂地被人利用

# 勇敢爭取，不做被動的棋子

別再當免費勞動力！職場是合作，不是壓榨場。學會拒絕不合理要求，爭取該有的回報，不要讓自己成為被利用的工具。只有敢於為自己發聲，才能在職場中真正立足。

「最近過得怎麼樣？」

「唉，公司壓榨太嚴重，老闆總是推額外工作給我，真是受夠了！」

這樣的對話在我們身邊隨處可聽，但我們不應該因為這種抱怨常見，就默默接受這種狀況。面對不合理的對待，選擇忍氣吞聲只會讓自己陷入更被動的處境，我們不應該接受無條件的「被利用」，而是要讓自己的價值獲得應有的回報。

工作並不是單方面的付出，而是雙方的合作。我們的能力和時間是寶貴的，應該被合理對待與認可。如果職場只是一味地讓我們承擔超出職責範圍的工作，而沒有對應的成長與回報，那就不是機會，而是壓榨。

當你發現自己被過度壓榨時，請勇敢表達自己的需求。敢於拒絕不合理的安排，敢於爭取該有的權益，是對自己負責的表現。學會為自己發聲，並不是懶惰或缺乏團隊精神，而是確保自己在職場中得到應有的尊重與成長機會。

王濤是一名留學歸國的經濟管理專業畢業生，他希望自己能夠創業當老闆，但多次嘗試後仍未成功。在朋友的建議下，他決定先找份工作，累積經驗與資本。然而，進入職場後，他發現自己經常被上司安排額外的工作，甚至負責一些與職務無關的業務。他開始懷疑，這些安排究竟是對他的鍛煉，還是單純的剝削？

一天，經理突然要求王濤接待一名英國客戶，這並不在他的工作範圍內。他猶豫著是否應該接受，因為這場談判的成功與否將直接影響公司的海外業務，而成功了可能是上司的功勞，失敗卻是自己的責任。他向朋友求助，朋友告訴他：「如果你願意接受挑戰，那就確保這次機會能帶給你相應的回報；如果沒有，那就不要讓自己變成免費勞動力。」

王濤選擇了與經理直接溝通：「我很樂意承擔這項工作，但如果這部分職責未來會成為我的長期任務，那麼我希望能夠調整我的職位與薪資待遇。」他的態度讓經理重新評估了他的價值，最後，公司不僅給了他更大的發展空間，還讓他負責海外市場拓展，最終實現了自己的職業成長。

在職場中，每個人都希望自己的能力被看見並獲得合理的回報，而不是無條件地被利用。當我們發現自己的努力沒有得到應有的認可時，就應該勇敢表達，拒絕不公平的待遇，而不是一味忍耐或自我安慰。

公平的職場環境需要雙向建立，員工應該展現自己的價值，同時也要確保自己的價值被尊重。如果你發現自己被不合理對待，請勇敢站出來，拒絕被情緒勒索，也拒絕被無償壓榨。

我們的時間與精力都是有限的資源，應該投入到真正值得的地方，而不是被動地成為別人的工具。下一次當你發現自己被利用時，別只是一笑而過，而是要問自己：「這對我的未來有幫助嗎？我的價值是否被合理對待？」

真正的職場強者，從來不是默默忍受一切的人，而是敢於為自己發聲，為自己爭取應有權益的人。

# 學會控制情緒

**別讓情緒控制你，讓智慧掌控局面！被利用時，不要愚蠢地失控，冷靜應對，讓對方明白你的底線。學會果斷拒絕，提升自己價值，讓自己成為不可忽視的存在，掌握真正的權力。**

在職場和人際交往中，我們難免會遇到被他人試圖操控或利用的情況。有些人在發現自己被人利用時會情緒失控，結果弄得場面無法收拾，雙方不歡而散，事情自然也辦不成；有的人能夠控制住自己的情緒，明知被人利用也能夠妥善應對，從而達到雙方都能滿意的結局。情緒管理不是忍氣吞聲，而是學會如何表達不滿，同時保持優勢，讓自己處於主導地位。

一間工廠因為擴大生產規模，要新建一幢大樓。許多工程承包商都希望得到這個專案機會，但經過層層篩選後，只有甲、乙兩家承包商得到了認可。工廠遂邀請兩家承包商參與公開招標。

兩家承包商得到消息後，都開始進行準備。乙承包商探知甲承包商三人中有兩人水準一般，只有一個技術員不僅具有豐富的建築知識和施工經驗，而且口才也是一流。要想戰勝這樣的對手，正面交鋒自然並非良策，於是乙承包商採取了一些策略。

雙方一見面，乙隊的三人就熱情地向甲隊之中那兩個能力一般的成員問候致意，故意忽視那位優秀的技術員。果然，技術員輕易地中了他們的招。接著他們又開始恭維那兩個人說：「兩位可是我們業界頗負盛名的人物了，聞名不如見面，還希望兩位能夠高抬貴手呀！」

被冷落在一旁的技術員聽了這些話，自尊心受到極大的傷害，一肚子都是火。當招標開始，乙隊又搶先謙恭地對那兩人說：「我們今天就是抱著向兩位學習的態度來的，趁著今天這個難得的機會，還請兩位多多指教。」

未等這兩人開口，那位憤怒到極點的技術員倏地一下站了起來，說：「好，就你們有本事！你們談！我先走了。」並當即離開了招標現場。拋下兩個措手不及的同事。

此情此景，廠方代表都看在眼裡，說：「像他那樣的技術員，我們怎麼敢信賴呢？」於是廠方同乙隊簽訂了承包契約。契約剛一簽定，那位技術員便氣喘吁吁地跑了回來，大喊：「我們上當了！」可惜為時已晚。

當人的自尊心受到強烈傷害時，往往因不滿而引發過激的行為，甚至中了別人設計好的圈套。所以，當我們意識到自己被人利用之際，千萬不要因此大動肝火，使自己於人前失態，即使能夠當場發洩不滿情緒又如何？只會讓人對你留下欠缺自制力的印象。一個無法控制好情緒的人，遇到問題時的心態往往流於偏激，無法成功控制好自己的人生走向。

一個聰明的人，知道如何控制好自己的情緒，不讓那些不滿的情緒輕易流露出來，這樣才能使自己保持清醒的頭腦。在公共場合我們要克制自己，在獨處的時候，不好的情緒也需要得到一個釋放的途徑，不妨試試以下幾種轉換情緒的方法：

**1.果斷說不，拒絕不合理的對待**

如果發現自己被不公平對待，第一步是勇敢表達立場，而非一味忍讓。對於不合理的加班、無償勞動或職場 PUA，要明確劃清界限，讓對方知道你的底線。

**2.學會冷靜應對，而非衝動反擊**

面對挑釁或被利用的情境，情緒化的反應往往會讓我們失去主動權。不妨先冷靜分析情勢，看看如何用策略性的方法來反擊，而不是被情緒牽著走。

**3.適時釋放情緒，避免長期壓抑**

你可以生氣，但不要越想越氣，負面情緒也不應過於壓抑，而應該找到適當的出口。一個人如果總是累積情緒，沒有適度釋放情緒，總有一天就會像火山爆發一樣，引發強大的破壞力。我們應適時適當地表達情緒，例如透過運動、找知心好友傾訴內心的怒氣，或將內心不快樂的感覺寫在日記上等方式來釋放壓力，而不是在錯誤的時機爆發。

**4.提升自己的話語權與價值**

在職場上，真正有影響力的人，往往不是那些只會忍氣吞聲的人，而是能清楚表達自己價值、擁有專業實力的人。當你足夠強大，別人自然不敢輕易利用你。

曾有人說：「不能掌控自己，就無法掌控世界。」在這個充滿競爭的時代，學會情緒管理並不是讓自己變得軟弱，而是為了在關鍵時刻能保持理性，做出對自己最有利的決策。拒絕被操控，不代表我們要壓抑情緒，而是要學會如何用智慧來應對。

下一次，當你察覺有人試圖利用你，先別急著發火，想一想，你有沒有更高明的做法來扭轉局勢？當你能夠掌控自己的情緒，你才真正掌握了自己的人生主導權。

# 敢說敢爭取，方能成就大業

別再當職場裡安靜受氣的乖寶寶。舞臺永遠留給敢表態、敢爭取、敢硬起來的人。與其等人賞識，不如逼他們低頭。你不發聲，就永遠是背景板。行動起來，讓自己成為不得不看見的存在。

在人際交往這個大舞臺上，每一個人都不會一路順風，總會遇到挫折。今天你還在臺上表演，享受觀眾熱烈的掌聲，明天可能就只能在臺下當觀眾，為別人獻上掌聲。因此在這個舞臺上，要拿得起放得下，要樂於走上去，也要勇於走下來。

站在臺上自然是風光無限，但是，當你走下臺時，也不需要覺得失落，上臺和下臺本來就是很平常的事，取決於各人功夫的積累和被人需要的程度。當別人需要你的時候，就會利用你，給你上臺表現的機會。如果你的表現能讓他們滿意，就會呆得久點。如果你的表現失敗了，或者能力已經達不到他們的要求，自然只能到臺下去當觀眾，看看別人的表現，從他們身上了解自己的不足。無論別人投向你的目光如何，你都要有再次上臺的決心，能屈能伸，才算得上是真英雄。

黃平是一家貿易公司的行政助理，職場表現未獲肯定，因為主管覺得他做事拖泥帶水，自然也未給他好臉色看。

其實，黃平並不是工作能力不足，只是他做事向來仔細，慢條斯理的，不清楚的人會以為他做事懶散。主管似乎看著他就有氣，沒事也要找些事給他做，看到會議室的桌椅擺放的不夠整齊，桌椅未對齊時，主管就要求黃平把桌椅重排，並且要求擺得一絲不苟。還有就是辦公室要保持絕對乾淨，一有半點灰塵，他就招呼黃平再去擦。

看在同事們眼中，黃平根本成了個受氣包。不過，黃平自己倒是覺得這些小事無傷大雅，也沒有放在心上。

在工作上，黃平任勞任怨，是主管的得力助手。雖然主管總喜歡把一些麻煩事交給他處理，然而在他處理這些事的同時，也自然而然提高了自己的溝通交際能力和公關能力。

受到主管這樣的非常「禮遇」，黃平沒有抱怨，他每天悶頭鑽研業務，還樂此不疲地做著一些分外的工作。

一次，公司裡的一名主管跳槽離職，導致很多工作都無法正常開展。以黃平的能力和資歷，完全足以接任主管的位置，只是主管對他有偏見，並沒有給他機會。

這次，就連好脾氣的黃平也急了，意圖跳槽，可最終他仍說服了自己忍耐。漸漸地，在整個部門中，唯獨他具備全方位的能力，行動力也強。那位新上任的主管算得上是被強摁著頭喝水，並沒有為部門業績帶來起色，不久便引咎辭職了。

這時，黃平的高階主管終於察覺到這點，不再像過去一樣小看他，並提升他為新的主管。

人在職場，難免遭遇被人打壓的情況，請別因此灰心喪氣。不妨沉潛一段時間，默默耕耘，等待出頭的機會。就像黃平忍一時所不能忍，堅持繼續全力為公司做事，最後終於獲得了一向對自己不滿的主管的賞識。

其實，面對挫折我們需要的是能屈能伸的魄力。伸，就是發力，使自己的能力得到釋放；屈，則是蓄力，讓自身得到暫時的休養。生活就像彈簧，如果你只會伸，就會把彈簧拉得太直太緊，反而會使它減弱彈性，甚至造成彈性疲乏。在到達一定延展度時，記得要放手往回收，才能讓彈簧保持長久穩定的彈性。

當身處被人利用的現實之際，難免黯然神傷，這是人之常情，沒有人希望自己總是處於被人利用的狀態，都希望自己受到賞識、得到公平的對待。面對這些起起落落，我們要放寬心，有機會時適時為自己爭取。平靜地面對眼前的困難，做自己該做的事，就算難免被困難考驗，但不能被打倒。從變故中我們可以學到更多，也能使自己變得更加全面，隨時儲備再次上臺表演的能量。

能站上舞臺的表演者不一定全獲人們熱烈追捧，也有主角和配角之分。主角自然會有更多戲分和表現自己的機會；至於配角，有時可能連一句臺詞都沒有，只能經由肢體動作、表情引起他人的注意。

在這個舞臺上，雖然我們不是導演，沒有選擇角色的權利，但我們卻有把角色演好的義務。如果我們選擇放棄、轉身離開舞臺，才華只能永遠被埋沒。

因此，當導演要求我們擔任配角或跑龍套時，不要感嘆命運坎坷。我們仍應在屬於自己的一小片天空之下做最好的自己，相信藉由努力，我們一定能再次把自己推向舞臺。

唯有經得起洶湧的波濤和潛伏的暗流，路才能走得更遠。

用行動證明，自己不僅能在臺上扮好分內的角色，到了臺下也能做得比別人更好。如果連一個配角都演不好、一個合格的觀眾都做不到時，哪裡還能指望演出什麼重要角色？只要我們能對自己說：「我可以做得到」，就算所有的人都不看好你，也不能把你打倒。保持重新站起來的信心，相信自己將來還能站得更高。

不要被動等待「再次上場」的機會。當我們處於臺下時，可以趁此看清自己的不足之處，做好調整，蓄積力量，讓自己變得更強，更有影響力，讓世界聽見我們的聲音，讓舞臺屬於我們。

# 有進取心，就不怕挑戰

別當死等機會的傻逼！要改變現狀，就得爭取、突破、挑戰，別怕失敗，勇於表達價值、主動出擊，才能掌握命運。行動才是打破瓶頸的唯一武器，勇敢去爭，永遠比等來的強。

在現實生活中，沒有行動力、不願爭取、不敢面對挑戰的人，很難有所突破。第一種人習慣被動等待機會，而不是主動創造機會；第二種人安於現狀，缺乏企圖心，遇事只求過得去，不求做到最好；第三種人則抗壓性低，一遇困難就退縮，還沒試過就選擇放棄。這樣的人，即便身處機會之中，也無法真正掌握自己的命運。

而真正能闖出一片天的人，懂得主動爭取資源，不被現狀束縛，即便遇到困難，也會選擇迎難而上，從挑戰中找到突破口。

艾美是一間公司的行銷企劃人員，在公司淘汰的產品清單上，有一款名為「白雪」的洗髮露。艾美研究後認為這款洗髮露價格便宜，成分天然，雖然不像其他產品一樣包裝精美，但對那些要求實惠的消費者而言，是個不錯的選擇。

於是她決定全力為「白雪」平反，並將它重新包裝再次呈現給管理階層，並重述「白雪」的價值定位。最後管理階層接受了她的提議，這使「白雪」後來成為該公司銷售得最好的洗髮精之一。

艾美的表現有目共睹，後來成為該公司一家分公司的負責人。她又研創了許多新的護髮產品，這些產品都成功打進市場，深受消費者的好評。

如今，艾美已成為布瑞爾通訊的執行副總裁，該集團所從事的正是市場行銷服務，她仍不斷為公司引進更多更好的產品，在新職位上創造新的成就。

艾美的成功並非偶然，而是因為她從不等待別人給予機會，而是主動創造機會，並且敢於挑戰既有框架。如果當初她選擇服從公司的決策，不願表達自己的專業見解，那麼「白雪」依然會被束之高閣，而她也不可能獲得更大的發展空間。

如今的職場，不再是過去那種「忍氣吞聲」就能出頭的時代。與其接受不合理的安排，默默承受別人的決定，不如勇敢表達自己的價值，為自己的目標奮力一搏。真正的機會，是留給那些「敢說、敢爭取、敢突破」的人。

當我們清楚自己的能力與價值，就應該積極為自己設立目標，並勇敢朝著夢想邁進。短期目標讓我們看到即時的進步，而長期目標則讓我們保持前進的動力。我們應該不斷告訴自己：「其實，我還能做得更好，我的潛力遠比想像中更大！」

進取心，是我們突破困境的最大武器。當我們面臨挑戰時，它能驅使我們不輕言放棄，而是想方設法找到解決方案；當我們遭遇挫折時，它能幫助我們重新站起來，迎戰下一個機會。

在這個時代，沒有人能一直被動等待機會降臨，只有那些勇於嘗試、不怕跌倒的人，才能真正站上更高的舞臺。與其擔心被利用，不如讓自己成為不可或缺的存在。當我們擁有足夠的能力和影響力時，主動權就會握在自己手中。

當困難擋在面前時，請記住：你不是來妥協的，而是來改變現狀的！

# 幽默是武器，不是委屈自己的理由

別讓自嘲變成自甘墮落的工具！幽默能化解尷尬，但別讓它成為你被利用的借口。遇到不合理的對待，只是笑一笑是沒用的，該出聲就出聲，別讓自己成為人際關係中的笑柄。

自嘲，是一種智慧，但絕不是無底線的退讓。

在與人溝通的過程中，如果對方有意無意地觸犯了你，把你置於尷尬的境地時，以自嘲的方式擺脫窘迫，是一種恰當的選擇。選擇自嘲，看似讓自己吃了虧，卻能讓大家讚歎你是一個真正聰明的人。

適當的幽默能化解尷尬，提升人際關係，但這並不代表我們要對任何不合理的言語或行為一笑置之，更不是讓別人肆意貶低自己。我們可以用幽默為自己創造話語權，而不是讓它成為對方「PUA」我們的工具。

孟莉和陳芳是一對好姐妹。孟莉身材苗條，是一家瘦身俱樂部的市場推廣專員，陳芳是某公司的辦公室職員。

半年前，陳芳生了寶寶，全家人都沉浸在幸福之中。歡喜之餘，陳芳也有個小小困擾，那就是本來苗條的身材發福了，身上不但贅肉多了，腰圍也明顯粗了許多。

精明的孟莉認為這是邀請陳芳加入俱樂部會員的大好機會。一天，她藉著探望小寶寶的機會，對陳芳說：「姐，妳加入我們的瘦身俱樂部吧，自從生下孩子後，妳變胖了，都沒腰了。」話一說完，她馬上發現自己講得太直接了，可能會引起陳芳的反感。

儘管陳芳對自己的身材越來越沒有自信，更不喜歡別人當面說出來，但她還是笑著回應：「胡說！誰說我沒有腰了？這麼粗的腰，還說沒有腰？」一面說著，還一面用力掐了一下自己的腰圍。

說完，兩人哈哈大笑。

陳芳以自己的機智幽默化解了這場尷尬，如果她一聽孟莉的話就大發脾氣，覺得對方有意揭自己的短處，只會讓場面失控，兩人的交情也可能因此而大打折扣。

遇到令人難堪的場面時，更能考驗一個人在面臨突發事件時的處理能力。每個人都有缺點和缺陷，旁觀者往往看得清楚，自己越是掩飾，反而越令人注目。諱莫如深的結果只會加倍引起別人的注意和議論，還可能讓你與周圍的人產生隔閡；倒不如痛快、乾脆的自動「曝光」。嘲笑自己和被別人嘲笑大不相同，自嘲能展現出一個人豁達的心胸、樂觀的性格和幽默的特質，使你在人際交往中如魚得水。

當然，如果身處被人利用的處境，還能做到自嘲的話，就不是一件簡單的事情，因為沒人天生喜歡「罵」自己。當你勇於在自己臉上「抹黑」，而不是「貼金」時，在關鍵時刻別人才會發覺與你交往是一個正確的選擇。

當然，自嘲、幽默也是一門學問，必須適時適地運用，如果一味地認為凡事幽默一下就能達到出人意料的效果，只會讓局面變得更難以控制。

在一家飯店裡，一位顧客正生氣地對服務員抱怨：「這是怎麼回事？這隻雞的腿怎麼不一樣長？」

服務員回答：「這沒什麼，請問你是要吃牠還是要和牠跳舞呢？要是我，可不會跟牠跳舞。」

顧客聽了更加生氣：「你這是什麼服務態度？」

於是一場本來可以輕鬆調解的糾紛就這樣爆發了。最後還是經理出面道歉，才平息了客戶的不滿。

幽默是交際的潤滑劑，但不是逃避問題的工具。當我們遇到不合理的批評或被明顯利用時，裝瘋賣傻或無限度地自嘲，並不會讓我們顯得更聰明，反而可能讓對方變本加厲，甚至讓自己處於被動的地位。

試想，在職場上，如果有人總是把你當「工具人」，給你丟來大量的雜務，還用開玩笑的語氣說：「你做事那麼細心，這些交給你最適合！」這時候，如果我們只是一笑而過，甚至自嘲「對啊，我就是勞碌命」，那麼對方只會變本加厲，把這當成理所當然。真正聰明的做法，是適時劃清界限，比如微笑著說：「謝謝你的信任，但這應該是大家一起分擔的工作。」讓對方知道你的立場，既不撕破臉，也不讓自己成為被剝削的一方。

有些人認為自嘲是一種高情商的表現，但高情商不代表我們要壓抑自己，迎合別人。

真正的高情商，是能夠恰當地回應對方，既維護自己的尊嚴，也能巧妙地掌控局面。

當我們遭遇批評或被無理對待時，不需要一味忍讓，也不必用自嘲掩飾委屈。我們可以用幽默回擊，但更重要的是讓對方知道，我們不是軟柿子，不會接受任何形式的情緒勒索或不合理要求。

我們可以風趣，但不卑微；可以幽默，但不討好。尊重自己，才會贏得真正的尊重。

下次，當你面對不合理的言語時，別急著自嘲，先問問自己：這句話值得我用幽默來化解，還是應該讓對方知道，我不吃這一套？

# 第7章

# 隱忍蓄勢，被利用時臥薪嚐膽

# 掌握主導權，拒絕被白白利用

別當職場的免費勞力！我們必須讓自己每一次付出都換來回報，而不是成為被壓榨的工具人。懂得提升自己價值，讓自己成為不可或缺的存在，別再默默忍受，掌控自己的職場命運。

在工作與人生的道路上，沒有人想成為被壓榨的「工具人」。但我們也必須承認，社會是個充滿競爭的環境，個人價值的體現往往需要透過與他人互動與合作。然而，這並不意味著我們要任人擺布、毫無底線地接受一切任務，而是要學會掌握主導權，讓每一次的付出都能帶來實質的成長與回報。

拿破崙・希爾是美國也是世界上最偉大的勵志大師。自從他成名後，來自世界各地仰慕者的信件像雪花一樣飄來，單單回信就讓希爾難以全部顧及。為了提高效率，他聘請了一個高中畢業的女孩當速記員。她的任務是拆信，然後讀信給希爾聽，並記錄希爾口述的回信，最後把信寄出去。在希爾的公司裡，她的學歷和收入都是最低的。

有一天，她聽到希爾講了一句話，深受啟發，從那天開始，她整個人都不一樣了。公司裡人人都五點鐘準時下班，但她總是要忙到晚上十點以後，除了把本職工作做好之外，她還盡可能協助其他同事，同時不斷提高自己的閱讀量，研究希爾的撰文風格。

某天，當她讀完一封來信後，終於鼓起勇氣對希爾說：「先生，你能聽聽如果我是你，我將如何回信嗎？」

希爾同意了，在聽完她的回信後，他感到非常吃驚，不僅文字風格與自己極像，甚至還有些地方超越了自己！就這樣，他讓她代筆回了幾封信。到後來，希爾乾脆授權她以拿破崙・希爾的名義回信，自己只負責簽名。

後來，她獲得了升遷機會，成為希爾的助理，地位僅僅在希爾之下。由於這個女孩工作能力非常出色，引起了許多公司的注意，都不斷想禮聘挖角她，此時的希爾已離不開她，無計可施之下，只好不斷地給她加薪了。

這個女孩的成功，在於她懂得不只為了眼前的一點報酬而工作，而是樂於被人利用，並創造機會讓人更徹底地利用自己。她很清楚地了解，雖然她做了很多不是自己份內的事情，不會因此取得更多的報酬，但這一切不僅是為公司，為老闆，而是為了提升自己的能力和身價。她的目的，就是使自己成為對主管、對公司有重要價值的人，變成對公司不可或缺的人才。

在職場上，有些人總是默默扛起那些「順手就做了」的額外工作，幻想著總有一天會被看見，主管會感動落淚幫自己升官加薪。但醒醒吧，現實是——努力若沒被看見，就等於沒做過。真正有價值的人，不是會忍的，而是讓人不敢忽視的。

那些懂得在適當時機刷存在感、讓老闆知道「這件事我做的」，才是真正掌握職場遊戲規則的人。別再當免費勞工，該刷存在感的時候就大方出手；該喊價的時候，請你別客氣。

拿個例子說話：你在專案裡額外扛了工作，請問，這件事對你的未來有幫助嗎？如果有，那就接下來，但記得讓老闆知道你是誰、做了什麼，別讓功勞漂流；若這只是消耗你時間與精力的無謂雜務，那就學會說「不」，你又不是公司後備發電機，隨叫隨到還不用電費。

別再妄想「示弱換同情」。在職場這個修羅場,裝可憐只會讓你變成工具人。「我來我來我來」久了,大家就只會覺得——「好啊,那以後都你來」。所以,記住一件事:努力不是價值,被看見的努力才是。那些說「做好本分就好」的人,不是佛系,是在給你洗腦,讓你甘願當背景音。

當你發現某些任務對你的成長毫無助益,或只是在消磨你的職涯動能,請記得——你不是誰的免費工具,該走就走,該撕破臉就撕。與其等別人給機會,不如自己把門踹開。

別再免費加班當英雄,沒人會記得你有多辛苦,只會習慣你不喊累。主動爭取才有舞台,懂得拒絕才有價值。真正能站上頂峰的,不是那些會忍的人,而是那些能讓人知道:「這場戲,沒有我,你演不起來。」

# 韜光養晦也是一種學問

**別讓「隱忍」成為你職場的墳墓！在機會還不成熟的時候，做到韜光養晦，機會成熟時，勇敢發聲，捍衛自己的價值與權益，拒絕被剝削。用實力與智慧主動創造機會，別讓那些PUA語錄愚弄你。**

在人際與職場互動中，不如意的事在所難免。遇到阻礙，不必悲觀失望。有時候，短暫的沉潛，正是為了未來更有力地發光。「韜光養晦」不是逆來順受，也不是默默被利用，而是在尚未掌握時機前，穩住情緒、累積實力，靜靜準備好下一步。

每個人性格不同，有人低調踏實，有人鋒芒畢露。但長久來看，懂得拿捏分寸、穩健處事的人，往往更容易贏得人緣與支持。人際關係從來不是小事，它往往決定我們是否能取得資源與機會。

現代社會競爭激烈，壓力無所不在。我們必須學會控制情緒、調整心態，把力氣放在真正重要的事上。不被情緒左右，才能在關鍵時刻看清方向。但這不代表我們要忍受不合理的對待。真正的隱忍，是有原則的沉潛，是為了在對的時機，勇敢爭取該有的尊重與回報。別讓「無條件被利用」變成習慣。我們不是附屬角色，而是擁有選擇權的個體。主動創造價值、掌握節奏，才是走向成功的關鍵。

康妮・胡克是一名電視節目主持人，她才思敏捷，口齒伶俐，深得觀眾的歡迎，因此僅出道兩年就已經成為電視臺的臺柱，一度被認為是廣電主持人獎的熱門得獎人選。

喬治是康妮的頂頭上司，早為她的美貌所傾倒，好幾次都在辦公室對她毛手毛腳，但都被她拒絕。這天，他惱羞成怒，惡狠狠地說：「今天妳拒絕了我，以後我要妳跪著來求我。」

不久，喬治在部門會議上宣布，由於接到觀眾的投訴，康妮被摘除了節目主持人的資格，改播娛樂新聞。這個決定讓所有人感到意外，康妮知道，喬治「出手」了，但她並沒有屈服，反倒是從容地接受了電視臺的安排。

她深入第一線，採訪了很多名人，再加上播報風格有了新的變化，節目的收視率節節上升。她也因此受到了總裁的特別接見。後來，在觀眾的強烈要求下，她又重新回到了節目主持人的位置，並當選為英國最受歡迎的節目主持人。

喬治為了繼續打壓康妮，又出了一招，把她調到新聞部，專門負責跑新聞，理由是她並非主持科班畢業。康妮當時也覺得不可理喻，但她反思：「如果我被激怒，不正是喬治希望看到的嗎？」於是她又強忍了下來。

但節目缺了她的主持，收視率急遽下滑，連台長都坐不住了，專程來問：「為什麼這個節目不是由她主持？」

「她不是主持科系畢業的。」喬治振振有詞地回答。

「不管她是什麼專業畢業，這個節目都得由她主持，明白嗎？」台長說。

喬治沒辦法，只好讓她回來主持節目。

一年後，電視臺宣布裁員，喬治成為第一個被裁掉的員工。

有人問及康妮成功的祕訣，她說：「隱忍。」接著她補充：「因為對於每個人來說，沒有一種成功是必然能實現的，但只要適時隱忍，能忍別人所不能忍，成功就能離自己越來越近。」

在喬治與康妮對峙的過程中，喬治不免有得意的時刻，不過，最後真正的贏家還是康妮。當有人蓄意針對你我作出阻礙發展的舉動時，我們不見得要馬上還擊。應深謀遠慮，但無須聲張，畢竟鋒芒畢露只會讓對方將更多的精力用在對付我們身上。

真正的韜光養晦，不是逆來順受地被利用，而是在沉潛中蓄力，等待正確時機展現價值並主動爭取。想要在被動局勢中開創機會，關鍵在於看清大局、積蓄實力，並在對的時機把才華用在值得投入的事上。成功從來不是靠無止盡的隱忍換來的，而是來自對原則的堅持、能力的提升，以及在關鍵時刻勇敢捍衛應得的權益。

在職場上，我們常聽到一些表面鼓勵、實則操控的 PUA 話術，例如：「多做一點才能證明你有價值」、「別計較太多，這是你學習的機會」或「公司是你成長的平台，不是提款機」。這些話看似激勵人心，實際卻在合理化壓榨與剝削。我們更不應為了「證明自己有價值」就無條件接受不合理的工時與待遇。努力值得尊重，而不是被當成理所當然。拒絕職場 PUA，不是抗拒成長，而是理性地捍衛自身權益。

當然，勇敢發聲並非盲目對抗，而是選擇在適當的時機，用專業與成果來說話。過度激進可能傷害自己，過度退讓則會讓人忽視你的價值。真正成熟的態度，是既能沉得住氣，也能在該發聲時毫不退讓。

有些人以為高調展示聰明才智能讓人看見自己，但真正有智慧的人，懂得以行動與成果贏得尊重。當我們穩健累積實力，在關鍵時刻果斷行動，自然會被看見，也更能爭取應得的回報。

成功不再屬於一味忍耐的人，而是屬於那些懂得「寧可晚點說話，但一開口就讓人聽見重點」的人。不當甘願被利用的工具，而要成為勇敢爭取、主動創造的強者。在逆境中堅守原則，在機會來臨時果斷把握，這才是真正的韜光養晦。能夠說出「不」，才是真正掌握自己人生節奏的開始。

# 今日之屈，為了明日之伸

放下「低頭族」心態，拒絕為不合理剝削買單。職場上，勇於爭取權益才是升遷的關鍵，不是默默忍受。要的是行動，非妥協。

縱觀古今成功人士，沒人敢說他們沒受過屈辱，沒被人利用過。也許有人會將這一過程視為一種失敗，是人生履歷上可恥的一頁。有這種想法的人，總是把每一件事情都習慣性地往最消極的一面去想。然而，若能從積極的角度看待，這些經歷反而成了鍛鍊心智與沉穩性格的養分，使人更清醒、更老練。

真正的韜光養晦，不是忍辱負重地逆來順受，而是在沉潛中蓄力，為的是在關鍵時刻一擊即中。盲目隱忍，只會讓不公平持續發生。與其「忍一時風平浪靜」，不如理性堅守原則，適時反擊，才有機會打破困局、爭回主動。成功從不是靠被動等待得來的，而是主動創造機會、爭取應得回報的結果。

在《三國演義》中，司馬懿是一位足智多謀、極富耐性的人。他深知自己無法正面擊敗諸葛亮，因此選擇靜觀其變、耐心應對。在諸葛亮多次挑釁，甚至送上女裝羞辱時，司馬懿仍不為所動。手下大將義憤填膺，他卻堅持按兵不動，最終等到諸葛亮積勞成疾去世，輕鬆化解一場硬仗。這不是怯懦，也不是被動，而是一種高度戰略思維的體現。他選擇在不利時刻沉潛，在有利時機出擊，最終掌握了全局。

在現實生活中亦如此——當實力尚未成熟時，選擇暫時的低姿態，並非妥協，而是為將來的高飛蓄力。

我們應該學會在忍耐中累積能力，在沉潛中打磨專業。不是被動接受不公，而是理性評估局勢，選擇何時該忍，何時該爭。正如那句話所說：「今日之屈，為明日之伸。」

真正的強者，不是從未低頭，而是懂得什麼時候抬頭，並且一出手就改變局勢。

華旗資訊總裁馮軍是清華大學的高材生，而他的事業卻是在中關村從小生意做起的。過去有很長一段時間，他的外號是「馮五塊」，因為他在推銷東西的時候，老是對人說：「這個東西我只賺你5塊錢，不會多賺你的。」

有一次，馮軍用三輪車載四箱鍵盤和主機殼去電子市場，由於他一次只搬得動兩個箱子，於是他將前兩箱搬到他看得到的地方，接著回頭去搬另外兩箱。就這樣，他將四箱貨從一樓搬到二樓，再從二樓搬到三樓，反覆再三。這樣的生活，常讓人累得癱在地上坐不起來。

這還只是身體上的疲憊，但他還要承受心理上的壓力。馮軍在中關村創業，就得丟掉自己清華大學高材生的面子，不能有什麼架子。俗話說，「物以類聚，人以群分」。在中關村和馮軍做相同生意的人，大多數是來自安徽、河南的農民，例如中關村的CPU批發生意，有60%以上都是由來自安徽霍邱縣馮井鎮的一般村民把持著。一個清華大學的高材生，要成天與這些人打交道、廝混，讓他們認同自己，並不是件容易的事，需要撕去「偽裝」，與他們打成一片。其次，為了讓人肯代理自己的產品，無論大小攤主都是財神爺，見人就得鞠躬哈腰、賠笑臉說好話。從「馮五塊」的綽號，就可以看出馮軍當時在中關村的「江湖」地位。

就是在這樣的殺價下，馮軍最後終於從一個「個體戶」開創了屬於自己的事業，取得了成功。

許多人以為，成功需要隱忍退讓，甚至接受被利用。但真正走得遠的人，從不將委屈當作必要代價。他們選擇的是沉潛蓄力，不是逆來順受。

馮軍的創業歷程便是例證。他的「馮五塊」稱號，來自他在創業初期靈活定價與親力親為的行動，而不是妥協求存。這樣的行動力與適應力，才是他真正的韜光養晦——有策略地等待，而非盲目地忍讓。

當我們在職場或人生中遇到不公對待時，沉默從來不是解方。合理維護自身權益，才能確保努力不被掠奪。畢竟，真正的價值不是靠忍氣吞聲證明，而是靠專業與成果說話。

低頭不是示弱，而是選擇時機。屈與伸不是對立，而是階段性的調整。只屈不伸，會迷失方向；只伸不屈，容易折損過早。關鍵在於，是否清楚自己何時該忍、何時該爭。

在這個時代，我們需要的不只是抗壓力，而是行動力與判斷力。真正的韜光養晦，是讓自己在沉潛中成長，並在時機成熟時，勇敢發聲、爭取應得。

你準備好，在正確的時機挺身而出了嗎？

# 拿捏原則與妥協的分寸

別再當「忍辱負重」的傻子！人生沒人能活得全然不妥協，關鍵是學會在該堅守時毫不妥協，該妥協時保護自己。真強者不是隱忍，是能夠精準拿捏時機，勇敢爭取自己應得的一切。

人生中難免得面臨各式各樣的選擇，究竟該堅持自己的立場，還是順應環境做出調整？每個人的價值觀不同，處事方式也不盡相同，但有一點是共通的——我們不應該被動接受不合理的對待，也不該無謂「忍耐」讓自己白白被消耗。

每個人都有自己的原則，它不僅定義了我們的行事風格，更決定了我們的職業與人生發展。如果在面對壓力時一再妥協，最後只會變得毫無立場，甚至失去自我。堅守原則，不代表頑固不變，而是確保自己不因外在壓力而做出違背內心的選擇。

妥協是處理問題的一種解決方式，是主動降低自己的要求和條件，降低姿態來滿足對方，是一種自我保護手段。如果盲目地堅持原則，會使我們失去機會，坐以待斃。遇到這樣的情況，與其堅持己見不如主動示弱，才能讓自己扭轉不利的局面，退一步海闊天空。

每個人心中都有一套為人處事的原則，有的人在遇到問題時選擇堅持原則，有些人則會選擇妥協。與人互動不能一味地堅持自己的原則，應學會適時妥協，這也是種現實的需要。當我們在被人利用的時候，既要堅持原則，也要靈活應變。

追求自己想要的東西時除了要堅守原則，也同時該懂得妥協以保護自己，兩者缺一不可，這樣的人生才更有保障。該堅持原則時不能含糊，不然只會給自己徒增遺憾；該妥協的時候也不應猶豫，不然只會給自己帶來傷害。

松下幸之助在創立自己的公司後，對員工的要求十分嚴格，每次公司的重要決策都會親自參加，但他並非一意孤行，不聽取別人意見的人。

在一次決策會議上，他對一位部門經理說：「我得做很多決定，還要批准很多決策，實際上，只有40％的決策是我真心認同的，剩下的60％我有所保留，或只是覺得狀況還過得去。」經理感到很驚訝，在他看來，只要松下不滿意，大可否定那剩下的60％，完全沒有徵求別人意見的必要。

松下接著說：「我不能對任何事都說『不』，對於那些我認為算是過得去的計畫，大可在實行的過程中指導下屬，使狀況重新回到我預想的軌道上來。任何人都不喜歡被否決，作為一個主管，有時應該接受自己不喜歡的事。公司需要大家齊心努力才會發展得更好。」

在生活中被人利用時，不可過度固執，對於無關是非、難下定論的狀況採取模稜兩可的態度，既是一種智慧，也是一種品德。否則，聰明過度妄下結論，往往會使自己處於尷尬的境地，甚至引火焚身。

想既掌握原則，又能適時妥協可從以下幾個方面理解：

**1.能上能下，沉著應對：**既要抓住升職晉級的機會，努力取得加薪待遇，也能在時機不成熟時做好份內的工作，平和地接受被人利用。無論出現什麼狀況，都能以平靜的心情坦然應對。

**2.不卑不亢，入鄉隨俗：**在被利用的過程中，我們要盡一切努力去提升自己的內涵，豐富自己的知識。面對利用我們的人不低聲下氣，也不傲慢自大。特別是待人接物方面，要能做到入鄉隨俗，與每個人打成一片。

**3.能進能退，左右逢源：**為人處世，要靜如處子，動如脫兔，出乎意料之外，又在意料之中，進不越規矩，退不喪志向；令人讚歎而不驚奇，讓人尊敬而不畏懼，進退自如。

**4.能爭能容，皆大歡喜：**對於被利用過程中所受到的侮辱，要理直氣壯，努力爭取自己的尊嚴，絕不客氣。此時的優柔寡斷是無能、懦弱的表現，必須克服。同樣，對於別人的利用要有寬容之心、大度之情，要能容得下他人，理解和體諒他人的難處，力爭使每個人都感到滿意。

堅持原則並不等於一味剛硬，適時的調整策略，才能在現實環境中爭取最有利的位置。這不是「示弱」，而是「智慧」——我們可以調整方式，但不放棄核心價值；我們可以適應環境，但不委屈求全。

一個不願意妥協的人，往往是在夢想著追求完美的東西。對現實而言，這只能是一種境界與目標，是一種理想狀態，追求這種完美只是一種過度的執著。在充滿競爭的社會，適時地妥協就像潤滑油，讓我們在遇到阻礙、不如意的時候能變得輕鬆許多。

一個目光遠大的人知道什麼時候該有原則，什麼時候應該妥協。我們要依據對方的身分、意圖來調整自己的策略，抓住時機，給自己創造任何一個可以幫助自己取得成功的機會。

# 爭取最後的笑容

**別以為順從能換來機會，妥協只會讓你變得越來越小。每一次低頭都讓你更遠離目標，真正的成功來自於拒絕不公平、勇敢反擊。抓住每一次挑戰，讓自己昂首走向未來。**

真正的勝利，不僅僅是最後的結果，而是我們在每一次努力中爭取的尊嚴、價值與成長。成功不是忍氣吞聲地等待，而是在每一次挑戰中勇敢爭取、不懼反抗，讓自己無論何時何地，都能昂首挺胸地笑著前行。

在這個競爭激烈的時代，等待機會從天而降是最不切實際的想法。任何一場比賽、任何一場競爭，能笑到最後的人，絕不是因為默默忍耐，而是因為在關鍵時刻果斷行動、勇敢爭取，不讓自己白白錯過每一次可能改變命運的時刻。

提起莎莉・拉斐爾（Sally Jessy Raphael），在美國是無人不曉的人物，因為在她三十年的職業生涯中，先後被辭退十八次，不過樂觀自信的她從來沒有被這些挫折打倒，每次被辭退，她都將其視為邁向更高職位的機會，從而確立自己人生的更高目標。

在莎莉最初就業的年代裡，美國幾乎所有的電臺都認為女性沒辦法吸引觀眾，所以沒有一家電臺願意冒險雇用她。但是她憑藉著堅韌不拔的毅力，最後在紐約的一家電臺謀到了一個職位。可是沒有多久，她就被辭退了，原因是她的思想跟不上時代的潮流。莎莉沒有想到，自己剛剛開始工作就已經落伍了，但是她很慶幸，因為這家電臺讓她了解到，下一步她應該再學些什麼。想到這裡，她笑了。

往後的日子裡，她又向國家廣播電臺推銷她的節目構想，電臺勉強答應了，但是要求她在政治電臺先主持節目。「我對政治了解不多，恐怕很難成功。」她猶豫了，可是那股不服輸的精神漸漸占了上風。她利用自己長期在電臺工作的優勢和平易近人的作風，坦誠地談起即將到來的七月四日國慶日對她自己的意義，另外她還邀請觀眾打電話來暢談感受。觀眾對這個節目非常感興趣，因為他們感覺自己不僅僅只是一個聽眾，而且是一個參與者。莎莉也因此一舉成名。

如今，莎莉已經是著名的自辦電視節目主持人，並兩度榮獲重要的主持人獎項肯定。在介紹自己成功的人生經驗時，莎莉說：「我先後被辭退了十八次，本來可能被這些厄運嚇退，做不成我想做的事情。結果相反，我讓它們鞭策我永遠向前。」這就是莎莉，一個永遠樂觀的女人，她知道凡事只要換個角度解決問題，就有可能成功。

面對不合理的職場環境，不是靠順從換取機會，而是靠一次次一次次的不放棄突破現狀。當她被電臺辭退時，並未選擇妥協，而是以更加堅定的信念證明自己的價值，最終站上更高的舞臺。這就是現代人應有的態度——不接受「你不行」的評價，而是用行動證明「我就是可以」。

我們經常聽到「過程不重要，重點看結果」，但現實是，過程才是決定你能否真正成功的關鍵。今天的每一次爭取，都是在為明天的自己鋪路；今天的每一次讓步，可能都會讓你離目標更遠。真正有遠見的人，不會因為眼前的一點小利益而迷失方向，更不會因為社會壓力而委曲求全。

成功從來不是靠等待換來的，而是靠一次次勇敢爭取才得以實現。能夠笑到最後的，不是那些一味退讓、忍受不公平對待的人，而是那些敢於發聲、拒絕被壓迫、不輕易讓步的人。每一次勇敢，都會成為你未來成功的一部分；每一次不合理的讓步，最終都會讓你失去更多。

要成為真正的勝利者，就要敢於拒絕一切不公平、不合理的對待，勇於捍衛自己的價值。未來的路還很長，真正的成功，不是忍氣吞聲後換來的一只獎盃，而是你在每一個挑戰中都無愧於心、昂首挺胸地走向自己的理想之路。

# 第8章

# 鍛鍊讀心術，避免被欺騙

# 不當沉默的受害者，勇敢拒絕小人操控

小人無處不在，別再忍氣吞聲。對待那些背後搞陰謀的，直接劃清界線，敢說不，捍衛自己的利益。別讓他們的陰險干擾你前進，別再被情感勒索。活得強大，才不怕小人耍陰招。

小人是指那些人品低下、心眼狹小且私心重的人。他們把時間全用在算計人而不是事，為了追逐自己的利益，毫無品德可言。對付這樣的人，我們應做好必要的防範，避免吃虧上當。

沒人喜歡與小人打交道，但又難以避免這樣的情況發生。小人的臉上不會刻著「我是小人」幾個字。我們要有足夠的定力，讓自己不被這樣的人利用。

我們常說：「寧得罪君子，勿得罪小人」，君子行為坦蕩，當著你的面就會提出看法；而小人嫉妒心強，表面上與你無比親密，稱兄道弟，背地裡卻在算計著如何採取報復措施，一旦你超越他，他就打心底感到不舒服，給你搞破壞。所以對待這種人一定要小心。弄不好從此就沒有安寧的日子過。

張巽與孟坤是多年的朋友。孟坤平時收入不是很高，不時會從張巽那裡借點錢。張巽是個很隨和的人，總是不吝幫助孟坤。

有一次，張巽要列一筆龐大的工程預算，得知孟坤對此十分在行，便開口請他幫忙。孟坤興奮地答應了他的請求，說：「這點忙我幫得上，樂意支援。」因兩人相識多年，所以，張巽沒與對方談報酬的事情。另外，孟坤也一直說是過來幫忙，張巽想若一見面就跟他談報酬，怕孟坤誤會說看不起他。

但是，當預算編列完成後，孟坤卻向張巽索取極高的報酬，而且還笑稱：「咱們關係一直不錯，算你便宜點！」這下換張巽傻眼了，本來想讓朋友過來幫忙算便宜點，沒想到反倒要價比請專業人員要價還要高。

張巽不好意思地對孟坤說：「這個報價是不是太高了?我們可否按市場價算呢?」而

孟坤卻立即翻了臉，張巽只得照價把錢付給他。

沒想到，後來孟坤還到處宣揚張巽占自己的便宜，弄得張巽痛苦不堪。

生活中，像孟坤這樣自私自利、見利忘義的小人不在少數。雖說「人不為己，天誅地滅」，但是，一個明事理、有道德良知的人是不可能不考慮他人感受，而只顧及自己的私利的。

能夠認清周圍的小人，就不必擔心自己再遭他人利用。但是如果被小人利用還不自知，便可能為自己帶來一場災難。小人精於心計，手段卑劣，讓人防不勝防。明槍易躲，暗箭難防，小人最精於暗箭傷人，他們不顧倫理道德，向來肆無忌憚，所以往往使君子難以招架。為了盡可能防範與小人過招，我們可以從以下幾個方向著手：

**1.與小人劃清界線**

有一種小人喜歡在人前展現自己的優越感，不管別人說什麼，他都認為不對，任何事情無論懂不懂他都要提出見解，嘲笑他人的看法。如此強大的虛榮心其實來自他們深沉的自卑感，因為對自己不夠有信心，所以希望別人跟他們一樣，把他人帶入與自己一樣的負面思考邏輯。這樣的小人著實是阻礙我們成功的絆腳石，如果不幸與他們打交道，千萬要記得劃清界線，看清楚對方的傲慢其實來自嫉妒，他的否決未必客觀，避免受其太多影響。

**2.看清對方，敢於說不**

過去的觀念常說：「寧得罪君子，勿得罪小人」，但這種「忍讓」的方式，往往讓小人更加猖狂，甚至變本加厲。對付這樣的人，我們最好主張「敢於發聲，拒絕被欺負」。面對利用你、算計你的人，不要一味妥協，而是要勇敢表達自己的底線，讓對方知道，你不是好欺負的。

**3.採用冷漠的態度**

有些小人喜歡在背後亂說別人的是非，把造謠當做一種快樂，目的在引發別人對他的注意，把自己變成一個焦點人物。面對這樣的人，我們最好冷漠以待。清者自清，只要我們表現得不把他們的話當一回事，他們也就沒了繼續造謠的興趣。

**4.不吃啞巴虧，主動爭取應得的回報**

張巽和孟坤的故事就是一個典型案例。張巽因為不好意思主動談報酬，結果反而被朋友狠狠敲詐了一筆。這樣的情況在現代社會並不少見，但我們應該改變思維：你的專業和勞動值得公平對待，不要因為不好意思開口，就讓自己變成被剝削的對象。如果你提供了價值，就應該明確溝通報酬。面對任何涉及利益的合作，都應該在事前談妥條件，白紙黑字寫清楚，避免對方後續翻臉不認帳。

**5.拒絕情緒勒索，保持理性**

小人常用的一招就是情緒勒索，比如「你不幫忙就是不夠朋友」、「我們關係這麼好，這點小事你還計較？」這些話術其實就是PUA的手段，目的是讓你心生愧疚，心甘情願地被利用。面對這種情況，我們要清楚：「真正的朋友不會拿感情來綁架你」。如果有人總是讓你感覺被道德綁架，那麼這段關係值得重新審視。尊重是相互的，不要為了迎合別人而犧牲自己的權益。

**6.適當地予以還擊**

當我們剛進入一個新環境之中，最常碰到的就是那種仗著自己資歷深去欺負新人的小人。像這樣的人，做事淨挑簡單輕鬆的做，他們認準了新人沒脾氣，所以出力最少、邀功最多，或者為了顯示自己的資深，排擠新人，以欺負新人為樂。如果這樣的小人欺人太甚，在忍無可忍的情況下，也可以適時地加以反擊。

**7.懇請他人來評判**

有時，對付小人的最有效方法就是：小人奸險，我們要比他們更奸險。既然他們不仁，也不能怪我們不義。不妨果斷請出主管解決問題。如果連主管都拿他沒轍，還得敬他三分，那只能說明這些小人的背景並不簡單，還是趁早另謀高就吧！

## 8.聚焦自我提升，別讓小人影響你的步伐

與其把時間浪費在防範小人上，不如把精力放在提升自己。畢竟，小人永遠都會存在，但他們的算計只有當你在乎時才會對你產生影響。

最好的應對方式，就是讓自己變得更強、更有影響力，當你的價值夠強大，那些小人自然無法動搖你的位置。

小人無處不在，但關鍵是你選擇怎麼應對。不要害怕與之對抗，也不要委曲求全。面對不公時，勇敢說不，捍衛自己的權益，這才是現代人應有的態度。拒絕被利用，拒絕被操控，這不是冷漠，而是一種尊重自我的展現。

這個時代，不怕得罪小人，就怕你不敢為自己發聲！

# 熟人也可能成為騙子

熟人最會玩心計，別再相信「情誼」是免死金牌。面對他們的情緒勒索，直接拒絕，別當傻瓜。保持理智，獨立判斷，別讓所謂的「人情」綁架你。懂得說不，才是真正的成熟。

我們常被告誡「不要輕信陌生人」，但現實中，真正讓人防不勝防的，往往是熟悉的人。面對熟人時，我們會卸下防備，他們反而可能成為操縱我們、欺騙我們的「偽善者」。在這個資訊透明的時代，我們要學會不再盲目相信所謂的「熟人情誼」，而是更加注重理性判斷和公平互惠。

熟人之所以能夠得手，往往不是因為他們的騙術有多高明，而是因為我們出於「人情」選擇不去懷疑。有人可能會說：「對方是親友，怎麼可能害我？」但現實是，熟人更清楚我們的性格、習慣，知道如何以「信任」為籌碼，讓我們不假思索地掉進陷阱。

謝先生由於工作的關係認識了施小姐。在一次閒聊之際，謝先生無意間將自己急於買房子的想法告訴了她，恰好施小姐前些天曾陪朋友看過某個預售屋案件。得知謝先生要買房後，她萌生了騙錢的想法。施小姐謊稱在建案有熟人，能以內部認購的底價幫謝先生買到便宜房子。謝先生信以為真，便將購房一事託付給施小姐。之後，施小姐偽造了認購需要的證明資料。去年一月初，她將偽造的認購資料交給謝先生。謝先生不疑有他，當下爽快地支付了十萬塊錢訂金。

去年三月某日，施小姐假意陪同謝先生看房。由於施小姐來過此處，所以建商代銷工作人員與她很熟，謝先生對她更是深信不疑。施小姐趁熱打鐵，又拿出一份偽造的購房契約交給謝先生，並提出需繳交五百萬元頭期款。謝先生看過了房子又拿到了買賣契約，當天就匯款了五百萬元，此後卻再也聯繫不到施小姐了。謝先生這才知道是上當了，趕緊報案。

「我們是朋友，你怎麼不幫忙？」

「我這麼信任你，你怎麼能懷疑我？」

「大家都這樣做，你不這樣是不是太不近人情了？」

這些話聽起來熟悉嗎？這就是典型的情緒勒索（PUA），目的是讓你覺得拒絕對方是「不應該」的。但事實是，真正尊重你的人，不會因為你的拒絕就讓你產生罪惡感。有些時候，我們太過固執，寧可相信熟人的一句話也不願意相信陌生人的十句話，總以為熟人不會對自己不利。因此，當我們察覺到熟人用這些話術讓我們做不合理的事情時，要學會果斷劃清界限，並告訴自己：「我的決定不需要迎合別人。」

小梅與阿華因為一起打工而成為好朋友，後來阿華去了南寧，兩人的聯繫變得不再那麼頻繁。

一天，阿華打電話給小梅，說他正打算在南寧投資一家婚紗攝影禮服出租店，叫她也來投資。小梅不由得被阿華所描述的美好前景觸動，迅速趕到了南寧。

當小梅興沖沖地趕到南寧後，阿華卻告訴小梅，自己投資的並不是婚紗攝影禮服出租店，而是在做「傳銷」業務。這種「傳銷」是由行內人推薦加入，只要交錢購買「份額」，加入後便可以發展合作夥伴，繼而可從自己發展的合作夥伴中分到高額分潤。剛開始小梅還半信半疑，阿華便天天帶她去聽「傳銷」的演講，認識那些因做「傳銷」發達起來的朋友。經過一段時間的「洗腦」，小梅最終將六萬元交給了阿華，買了二十份份額。

有了份額，小梅就該發展下線了，小梅準備先說服自己的父親，但小梅的父親一到南寧，便明白女兒是陷入了傳銷騙局中，勸小梅不要在這條路上越陷越深，但小梅不聽勸，深信這是一個賺錢的好方法。小梅的父親一氣之下獨自回了家鄉，臨走前撂下狠話：如果小梅再不醒悟，他就當沒她這個女兒。

父親的話讓小梅感到有些不安，她藉口家中有急事從南寧返回了老家。在眾人的勸說之下，小梅上網詳細查看了有關傳銷組織的資料，這才認識到這個騙局的可怕。

後來，小梅才知道阿華先後拉了他自己的女友、姊姊、堂兄等親人加入傳銷組織，而他自己也是在南寧遊玩時被朋友拉進去的。

利用熟人進行詐騙的現象已經不是個案，很多詐騙都把熟人視為最好的目標，很多人在事業上失利，正是被熟人、親戚或朋友利用、欺騙所致，甚至自己還一直被蒙在鼓裡，還在感謝他們安慰與照顧。

這個世界並不缺少「熟人騙局」，缺少的是敢於說「不」的人。與其害怕被貼上「不近人情」的標籤，不如直面現實，建立自己的判斷力和邏輯思維。拒絕不合理的要求、反抗情緒勒索，這不是冷漠，而是對自己負責。

天上不會真的掉餡餅，不要被那些所謂熟人的假像蠱惑，他們在投下一個餡餅的時候，同時會設好下一個陷阱，等著我們往下跳。我們一定要擦亮自己的眼睛，好好認清那些熟人。

# 學會在被利用時保護自己

別讓人情壓力成為你的負擔。學會拒絕、不透露關鍵資訊，保護自己不被當工具。別當別人的踏板，學會設立界線，勇敢說「不」，這才是自我尊重。

在這個資訊爆炸、競爭激烈的時代，我們經常被教導要善於合作、發揮自身價值，但這並不意味著得無條件接受被利用。我們不應該害怕說「不」，更不能讓別人輕易操控我們的情緒與信任。無論是在職場、朋友圈，甚至是親密關係中，都要懂得保護自己的權益，避免落入精心設計的陷阱。

有些人利用關係的親近，假意關心，實際上只是想從你身上獲取好處。他們或許表面上對你讚譽有加，私下卻將你的努力占為己有；又或者在你還未看清情勢時，已經用各種話術讓你心甘情願地為他們效力。當我們面對這種「隱形的剝削」時，絕不能忍氣吞聲，而是要勇敢捍衛自己的權益。

周聰和韓冰是一家廣告公司的同事，由於兩人是同一天進公司的同梯，又是老鄉，關係自然非同一般。

在兩個月的實習期間，兩人相互幫助，取得了很好的成績，主管十分滿意，本來公司只有一個職位的空缺，但最後兩人都成功被錄用。

接下來他們兩人逐漸成為公司的重要人物，深受部門經理的器重和賞識。一次，公司接了一個新的專案，新客戶是一個大財團，需要公司盡快提出完整的企劃案。為了盡可能滿足客戶的需求，經理決定讓周聰和韓冰各自提案，看客戶對哪個滿意就採用哪個。他們兩人都深知這個方案的重要性，信心滿滿地表示要將自己十二分的熱情全投入到這個方案中。

下班後，韓冰邀請周聰一塊吃晚餐，說是感謝他前一段時間的幫助，周聰也愉快地接受了。晚餐時，兩人喝了一些白酒，周聰的酒量本就不好，當下有點迷迷糊糊，韓冰趁機從他口中套取了他的方案。

第二天上午，當周聰拿著自己的提案給經理過目時，經理說：「我果然沒看錯你們兩個，還真想到一塊去了。韓冰的方案一早就交上來了，對方很滿意，已經被採用了。」說著，把韓冰的提案備份遞給周聰，讓他也看一看。

周聰見狀猶如大夢初醒，真想大喊自己上當了。但這事除了自己，還有誰會相信呢？別人只會以為他是嫉妒韓冰而故意找碴。就這樣，他白白浪費了一個大好機會。

害人之心不可有，但是防人之心可不能沒有。職場上，競爭雖然無可避免，但不能讓他人輕易奪走自己的成績，要學會保護自己的創意與想法，不輕易透露關鍵資訊，對那些刻意「套話」的人，要懂得適時迴避。職場不是講感情的地方，真誠可以有，但防範之心也不能少。

社會上，很多人喜歡用「你不是信任我嗎？」來試圖讓你放下防備。這種話術在職場、社交圈，甚至親密關係中都時常出現。有人會利用你的善良與信任，讓你為他們背書、借錢、承擔責任，甚至影響你的判斷。

真正的朋友，會尊重你的選擇，而不是利用情感壓力迫使你做決定。如果一個人總是強調「你不幫我，就是不夠義氣」、「你不聽我的，就是不信任我」，那麼他們很可能並不是真的在為你好，而是想操控你。

相信一個人，首先要有區分這個人「說話」的能力；相信一個人，還要了解這個人的能力；信任一個人，首先要了解這個人的人品。在不了解一個人的能力和人品之前，還是「疑」著用好，這就是「試用期」的概念。對一個人審核是否值得信任，靠的就是「試用期」。

世界上沒有永遠的朋友，也沒有永遠的敵人，只有永恆的利益。在我們追求成功的道路上，第一次被人利用時能夠取得一個小小的成就，並不能意味著我們之間有著共同的目標，我們需要時刻保持謹慎，不要在最後被人擺布。不經一事，不長一智，不要等到失去了才懂得珍惜，被欺騙了才覺得後悔。現在開始保護自己，從小細節做起。

# 牢記「防患於未然」的古訓

別再隨便妥協，聰明人不會讓人情壓力牽著走。別讓「吃虧是福」這種蠢理論毀了你，學會為自己爭取、堅守底線。沒有人會感激你隨便放棄尊嚴，只有強者才有話語權。

有的人總是能夠從長遠考慮，心思慎密，把可能會出現的問題事先想好解決方案，等到問題真的發生時，不會手忙亂；有的人則是走一步算一步，他們只顧著埋頭走路，不注意看前面的路是平坦還是崎嶇，是鮮花滿地還是荊棘叢生……當他們猛一抬頭看到前面的路泥濘難走的時候，頓時感到空前無助。

世界上的事情往往是複雜的多，簡單的少，我們在做事情、想問題的時候，事先就要做好充足的準備，從最壞處著眼，向最好處努力。從最壞處著眼能讓我們事先構思解決問題的方案，做到處變不驚；向最好處努力能讓我們在遇到困難的時候不喪失信心，取得成果的時候不放鬆戒心。

有的人總是存著僥倖心理，他們也許意識到可能會出現問題，只是覺得情況不會那麼嚴重，沒有必要提前就做好各種準備，把這些當成是一種無用功；有時是根本就沒有危險意識，最後在遇到問題的時候，才發現不知該如何是好。

事後補救不如過程中預防，過程中預防不如事前防範，在被利用的過程中，防患於未然才是聰明人的作為。「為時未晚」只能算是自我安慰的託詞。

四年前，小何還在一家行銷策劃公司工作。當時有一位朋友找上他，說他們公司想做一個小規模的市場調查。朋友說，這個市場調查很簡單，他自己只須再找兩個人就能完全扛下這個案子，希望小何能出面把這項業務接下來，交由他去運作，最後的市場調查報告由小何把關。

這看來確實是筆很小的業務，沒什麼大問題。朋友做的市場調查報告出來後，小何明顯地看出了其中的瑕疵，但他只簡單做了些文字編排，就把報告交了出去。

四年後的一天，幾位朋友與小何組成了一個專案小組，準備一起前往北京新開業的一家大型商城提交整體行銷方案。不料，當對方的業務主管得知小何一行人的身分後，明確表達反對接受他們的提案。原來這位主管正是當年那項市場調查專案的委託人。

小何當場目瞪口呆，卻也只能無言以對。

這件事給了小何極大的刺激，現在回過頭來看，當時他得到的那點錢根本就不值一提。但為了這點錢，竟給自己造成如此巨大的負面影響！想來真是悔不當初！

很多時候，並不是因為我們能力不夠而沒能做某件事情，而是因為我們太過輕忽，結果在不經意間被人利用了，雖然也能得到些許利益，但就長遠而言，等於是給自己埋下了一顆「定時炸彈」。所以，我們必須得意識到這一點：沒有任何事情是可以隨意打發、敷衍的。現在種下什麼樣的種子，將來就得收穫什麼樣的果實。

回顧歷史，也有好些疏於防範，沒有做好具體的防範措施，因而遭人利用、吃虧上當的慘痛案例，孫策就是一個例子。

孫策是東漢末年的風雲人物，占有江東全部領土。當曹操和袁紹在官渡交戰之際，孫策與人謀劃，打算襲擊許昌。許昌是曹操的老巢，曹操部下聽到這事，都很恐慌。有一位謀士郭嘉卻說：「孫策新近吞併了江東的土地，誅殺了當地的英雄豪傑，這是他部下拚死效力的結果。可是孫策遇事容易掉以輕心，不善防備。雖然有部眾百萬其實和孤身一人沒什麼兩樣，若殺出一個埋伏的刺客，他就對付不了。依我看來，他必定死在刺客匹夫手裡。」

孫策的謀士虞翻也因為孫策好騎馬遊獵，勸諫說：「由於您善於指揮零散歸附的將士，故能得到他們拚死效力，這可是堪比漢高祖的雄才大略呀！但您卻輕易出行，將士們都很擔心。當白龍化做大魚在海裡遊玩，就會被漁夫捉住；白蛇爬出山洞，便遭劉邦斬殺。這都是古往今來的教訓，希望您能更加謹慎啊！」

孫策聽完虞翻的話，說：「先生的話很有道理。」然而，孫策卻始終改不了老毛病。等到他出兵襲擊許昌時，到了長江口，還沒過江，就像郭嘉預料的那樣，被許貢的門客所殺。

做人不能過於隨和，更不能因為人情壓力而做違背專業道德的事。你的價值在於你的專業能力，而非是否「好說話」。若當時小何堅守專業標準，他的職業聲譽就不會受到影響。

東漢末年的孫策曾憑藉著卓越的領導力統治江東,但由於他過於輕視風險,最終在沒有足夠防備的情況下遭到刺殺。這個故事讓我們明白,無論多有能力,若缺乏警覺性和風險意識,終究會使自己陷入危機。

做人,尤其是做聰明人,一定要有一顆防患於未然之心,居安思危,高瞻遠矚,這是在被利用中成大事的根本。有些人等到出現漏洞以後,才知道自己做錯了,這是庸人的行為,不要等到被人欺騙、損失慘重的時候,才發出悔不當初的慨嘆。

要想成功,就必須有先知先覺,有先見之明,什麼事都能先人一手,先人一著,就能取勝。等他人趕上,你又向前推進一步,與他拉開了距離,如此一來,你就長期處於領先地位。很多時候,當我們在面臨問題的時候,可以想著最好的結局,不過要有最壞的打算。這樣,我們就能想別人沒有想到的,做別人沒能做到的,即使是最糟糕的情形出現,也能沉著應對。

# 練就辨識主管的「火眼金睛」

**選對主管比選對工作重要。別為了眼前的便利被美麗的謊言蒙蔽，記得為自己爭取價值，拒絕成為任人剝削的工具人。**

在職場中，選擇行業固然重要，但更關鍵的是選擇一個真正尊重人才、願意培養員工的主管。然而，當我們進入一個適合自己的行業，就一定能取得想要的成就嗎？也不盡然。

在被人利用的時候，會想取得一定的成功，我們需要有個好的主管。好的主管就如伯樂之於千里馬，遇到伯樂才能讓千里馬盡顯其能。在好的主管手下工作，我們才能充分發揮才能，展現自己的價值。至於壞的主管則會成為我們前進道路上的障礙。為此，我們就需要練就一雙能夠識主管的「火眼金睛」。

呂琪同時收到三家公司的聘用通知，其中兩家公司的員工人數達到數千人，另一家剛成立沒多久，規模還很小，員工人數根本遠低於其他兩家，但呂琪偏偏選擇了這家小公司。

她認為，這家公司工作條件雖然還不夠好、待遇還比較低，但主管是個精明能幹又寬厚謙遜的人，這樣的人將來肯定有大作為，跟著他學習，必然是個明智的選擇。她是一個有遠見的人，不會光顧著眼前的一點好處。自從呂琪上任後，每天都辛勤工作，竭盡所能地為公司效力。接著幾年，公司一直迅速發展，員工人數也成長到一百多人，此時的呂琪已成了公司的副總經理、第二股東，每年都有著相當可觀的收入。

所以說，一個員工的發展與主管關係十分密切。我們不能病急亂投醫，一定要想清楚誰才能真正識才，選一個真正的伯樂。當面臨職場選擇時，學著從不同的角度去思考問題，不能只被眼前的一些小利吸引，要為未來著想。

然而，複雜的社會什麼樣的人都有，有明爭、有暗鬥，處處都可能存在陷阱，一不小心，就可能成為主管或同事利用的對象，尤其是一些年輕人，很可能被人忠實的外表欺騙，結果受騙上當吃了大虧。

許祥是剛入社會的應屆畢業生，任職於一家工廠的生產線當調度員。一天，生產線主任告訴他，公司下達了加工兩種型號汽車配件的任務，時間緊迫，並徵求他的意見看如何安排。許祥提議，最好充分發揮各種設備加工的能力，將兩種配件同時安排、同時生產。主任採納了他的建議，並交辦他著手進行生產。但是，在配件加工的過程中，主任又突然告訴許祥，上級通知，其中一種零件應提早交貨。然而此時已來不及再變更產線配置，只能眼睜睜地看著交貨延誤。廠長對此十分惱火，打算追究主任的責任，而主任卻把責任全推到了許祥身上，並無中生有地說，自己並不同意這樣的安排，這完全是許祥自作主張造成的延誤。廠長苛扣了許祥當月的績效獎金，把許祥氣個半死，卻有冤難伸，因為沒有證據。

剛剛進入社會的年輕人，由於缺乏經驗，可能還不十分關注一個主管對於自己的重要性，常常會被人利用還蒙在鼓裡，當被追究責任的時候，也不得不強忍著不公的對待，打落了牙只能吞到自己肚子裡。

既然一個好的主管對我們如此重要，判斷一個主管是好是壞也就顯得更為重要。對我們而言，能夠早早地識別主管的好壞，就可以更完善地趨利避害，得到更好的發展。

好的主管不一定就是傳統意義上的好人，沒架子，與員工打打鬧鬧。這樣的主管在平時和大家像親密的朋友，但真遇到問題時，不一定能及時做出有效的措施。像這樣的主管雖然為人親切，但作為主管的能力十分有限，他連自己的未來都不能明確，更別提在他手下工作的人了。好的主管具有真正的領袖氣質，能夠準確地判斷形勢，雖然平時與員工之間總是保持著一定的距離，但卻總是能讓員工折服。

好的主管懂得如何開發下屬能力，他們能給員工創造鍛鍊學習的平臺，同時還讓員工感覺到快樂，更加踏實。

好的主管善於授權和放權。在制訂好了目標、流程和考核指標之後，一個好主管應盡可能把自己的權力下放。只有主管絕對信任下屬，下屬才能奉獻責任心，也才能迅速成長起來。

好的主管還具有規劃未來的能力，能給員工明確的方向，讓員工在最合適的崗位上做最適合的事。有的主管認為員工在部門內就得聽自己的，凡事自己都是對的，以自己為中心，有著這樣思想的主管很容易扼殺員工的創造性。而當員工需要點明方向的時候，主管往往用這樣的話來搪塞「如果什麼都問我，我還要你幹什麼！」所以一個主管，他的首要責任就是幫助下屬規劃他的未來，為下屬布置好任務，讓下屬去執行。如果一個主管連這點能力都不具備的話，那麼可想而知，在這樣的主管底下做事，是多麼的度日如年啊！

對我們而言，認清自己的主管，能夠更完善地趨利避害，為自己的發展爭取更多的有利條件，提升自己的能力，同時，也不至於被人蒙在鼓裡，做一些對自己不利的事。

第9章

# 贏得上司信任是關鍵

# 欲受老闆重用，得學習「服從」的智慧

別做職場聖母，服從不等於沒腦，反對也不代表有骨氣。執行力+獨立思考才是生存法則，盲目聽話只會變背鍋俠，抱怨無用。要嘛提出更好的方案，要嘛閉嘴去做，別在生存遊戲裡當炮灰。

在人際交往中，我們要清楚自己的處境，有些人心高氣傲、自命不凡，總喜歡與老闆唱反調，結果就是不斷為自己招來麻煩。雖然，能被利用顯示出自己具備價值，但別忘了，對你能力的評價掌握在老闆手中。為了自保，不少人選擇服從，做一個老板眼中「聽話」的人。

有些人極有個性，當他們不贊同老闆的計畫與任務指派時，為展現自己獨特的見解，提出自認更精妙的解答，莽撞的公然提出挑戰老闆的意見，最後聰明反被聰明誤，成了老闆心目中的反派人物。

身處職場應懂得表達自己、勇於爭取權益，才能真正贏得機會。雖然有人認為，聽話才能得到老闆的青睞，服從才能有發展空間，但現代職場早已不是「唯命是從」的時代，盲目服從不僅可能讓自己陷入被動，還可能成為被壓榨的對象。真正有價值的員工，不是只會聽命行事的工具人，而是能獨立思考、有效溝通、提出建設性意見的人。

威廉是一家外資企業的老總，他很重視員工工作的執行力。

一天，他召集了幾個平時表現出色的一級主管，發布決策：「各位優秀的主管們，為了提升行政效率，我打算進行公司改制，使組織扁平化。將現有的部門進行融合、調整、更新。在新制實施之前，需要諸位先以一個星期的時間全面調查外地的各大企業，然後將見聞匯報給我。半個小時後開始執行！」

說完，他便回到辦公室，小心地觀察幾位主管的動向，有幾人聚在一起討論了起來，說：「外面溫度這麼高，天氣這麼熱，調查完這麼多企業，還不都累趴了？我猜老總應該已經計畫好了，就算我們提交新的改革方案，他也不見得會按照我們的調查結果進行。」

這些主管越說越激動，越說越來氣，然而他們只顧著埋怨，就是遲遲沒有開始行動的意思。最後，一位年輕主管走來，對其他幾位說：「兄弟們，時候不早了，咱們趕快行動吧！反正只有一個星期期限，出去走一走也可以長些見識啊！」

一個星期過去了，他們每位都提交了各自的調查報告，讓大家意外的是，在這之後那位年輕的主管破格晉升，成為市場部經理助理。

「我必須挑選服從上級決策落實達成任務的人。」威廉說，「每個企業都必須重用服從決策並具有執行力的員工，這樣才能確保企業的績效成果。」

每一位老闆都喜歡服從性高、執行力強的員工。想要獲得老闆的信賴、栽培，首先就要學會服從老闆的安排。一個企業之所以能發展，需要員工具備優異的執行力。

在服從上級決策的同時，還需注意以下兩點：

1.多說「YES」，少說「NO」

當老闆特意當面慎重交辦任務時，我們應該拿出使命必達的決心，不要抓頭撓腮地說「自己沒把握能辦到」。身為老闆往往有識人之能，當老闆特別將任務指派給你，而非其他人，便是看中你具備完成此事的能力。這既代表老闆對你的信任與肯定，也代表老闆對自己眼光的信心。如果得到表現機會卻像是大難臨頭的樣子，在他們心中的印象自然會一落千丈。這種情況正是一展身手的大好機會，我們要信心滿滿地全力把老闆交待的任務圓滿達成，一個質疑自身能力的人，又怎能指望別人信任你呢？儘管老闆交辦的任務有難度，多向他人請教，總能找到解決問題的辦法。

### 2.服從不等於當個應聲蟲

現實不可能完全按照老闆的規劃發展，老闆也不可能完全考慮到每一個細節。因此，雖說服從長官的決策是對老闆表示忠誠最直接的方式，但很多時候，老闆也需要聽取員工的建議。如果一個員工只是盲目地聽從指揮，老闆說怎麼做就怎麼做，沒有自己的專業，那也不會得到老闆重用。畢竟老闆需要有專業能力，能精準執行任務的員工，一旦長官的決策出現漏洞，實際執行的員工卻無法識別，還盲目照辦的話，將會給公司帶來損失。更何況，在執行任務的過程中，總少不了各種突發狀況，不可能什麼雞毛蒜皮的小事都還要詢問老闆的意思，要相信自己的專業與判斷力，慎重把事情做好。

在現代職場，真正有價值的員工，既不是唯命是從的執行者，也不是一味唱反調的反對者，而是能獨立思考、勇於表達、並善於溝通的人。與其一味迎合老闆的想法，不如用專業和理性溝通，讓自己成為無可取代的人才。

## 讓老闆享受被尊重的感覺

職場不是講道理的地方，而是做人遊戲場。想活下去，閉嘴做事但別當聽話狗；想出頭，懂得表達但別踩老闆面子。尊重有用，但分寸更值錢。別犯蠢，別裝大，學會在潛規則裡玩出你的價值。

每個人都期待獲得他人的理解和尊重，並希望自己所做的工作能獲得認可。即便是作為一個公司的領導者——老闆，也有這樣的需求，希望能獲得員工的支持和尊重，這樣才能感到自己被信任看重。但尊重不等於盲目服從，也不意味著無條件地迎合。

當老闆作出決策後，我們應保持開放和積極的心態，但這並不意味著我們得盲目執行。正如任何互動健康的人際關係，提出不同看法與建議都是正常且必要的。當你對老闆的決策有不一樣的意見時，可以適時提出建議，為成就更好的工作績效進行討論，而不是一味的逆來順受。

有些人覺得「推翻老闆的決策」能展現自己的專業與主導性，這其實是種錯誤的理解。真正的反抗不是毫無理由的持反對意見，而是對不合理或不公正的狀況加以還擊。正當的挑戰老闆的決策，並不是對老闆不尊重，而是表達你對事情的認真態度與對自我價值的堅持。

儘管現代企業多採人性化管理，老闆不再像過去那般高高在上，也不表示你就可以毫無忌憚地沒大沒小；即使老闆個性隨和，與下屬關係融洽，也不能忘記自己處在職場的上下級關係中。我們要清楚自己的角色，並學會理性溝通、與他人合作。我們要明白，與老闆顯得親密是好，但是我們也不能忘記尊重老闆，所有的老闆都喜歡被尊重的感覺。只有得到了你的尊重，老闆才會對你產生好感，才會幫你在未來的發展道路上排除障礙。

二十六歲的何蕊相貌出眾，還能講一口流利的法語，在與外商談判的過程中，時常扮演十分重要的角色，同事們看她的眼神甚至有點崇拜的味道。

何蕊剛進公司時，老闆很照顧她，在一次接待外商的商務晚宴上，何蕊出盡了風頭。

參加這場宴會前，老闆笑著對她說：「這次宴會參與的都是外籍商務人士，很多事情要靠你幫忙溝通，你可要把握好這個機會啊！」

何蕊的確把握住了機會，可惜失了分寸。她全場得意忘形地以流利的法語與來賓們盡情交談，妙語如珠，給來賓們留下了深刻的印象。她與賓客們頻頻舉杯，全然忘記了此次參加宴會的主角和主要目的。被晾在一邊的老闆心裡五味雜陳，很不是滋味，一時又不好發作。

在這場宴會過後不久，何蕊就被調往一個冷門的部門。

我們應學會以專業理性的態度與上司溝通，既要表達自己的觀點，也要理解他人的立場。在日常工作中，可藉由提出建設性的見解讓上司看見我們的專業，而不是單純附和。這樣的態度能幫助我們在工作中找到平衡，同時能獲得老闆的信任。

面對批評指責，應保持理性冷靜，避免情緒化地反駁或逃避；學會在非公開場合表達事件原委，才有機會獲得老闆的理解與反饋，進而持續良好的互動合作。

身為部屬，無論考量前途或名譽，都應特別重視老闆的威信，並給予尊重。平日我們與老闆相處，應留意以下問題：

1.病從口入，禍從口出：與老闆交談，應謹慎應對。有些老闆個性隨和，希望自己能與下屬打成一片，開開玩笑都是常有的事。即使老闆說：「下了班大家就像朋友一樣相處」，但這其實是客氣話，身為下屬仍應謹守分寸，不能忘了自己的身分，一旦言語不當，便可能招來老闆的反感。

2.每一個人都有自己的祕密，不要沒事找事，打探老闆的隱私。有些人會誤以為與老闆聊私事能拉近距離，增進情感。但沒人喜歡被打探隱私，老闆當然也不例外。在黑社會電影中，我們經常看到這樣的劇情：當某人受傷倒地，奄奄一息。身旁的人才冷冷地冒出一句話：「你知道的太多了。」就是這個意思。

3.當受到老闆批評指責時，不要急於反駁，尤其是在公共場合，更要靜靜地接受批評。不管是不是自己的錯，先默默聆聽，留給老闆一個虛心受教的好印象，更維護了老闆的權威。當然，就算是老闆也會有失誤的時候，請私下再向老闆解釋，不要認為自己有理就當眾辯解，讓老闆面子掛不住，得罪了老闆還不自知。

樂平有次到外地出差，老闆臨時指示他更改企劃案內容，但他覺得不妥，並沒有照辦。回來後，老闆在會議上狠狠批評了樂平，說他自作主張，沒按他的要求辦事。樂平當下沒有反駁。會後，他才單獨找老闆說明具體的原因。結果，反倒受到了老闆的獎勵。

其實，老闆也是好面子的，就算是自己的錯，往往也不願承認。如果下屬當面反駁，爭得面紅耳赤，只會讓老闆下不了臺，雖爭得了一時之快，最後吃虧的終究還是下屬。像樂平一樣，在私底下澄清原因，委婉地化解了誤會，也能讓自己更受器重，鞏固了自己的地位。

樂平的經歷告訴我們：一個好下屬，應該虛心地接受老闆的評論，並盡可能地在老闆評論完後，再誠懇地請老闆給予指導，如果有機會的話，事後還要對老闆的訓示表示感謝，千萬不要表現出對老闆不敬的態度。否則將難以得到老闆信任和賞識。

無論是在怎樣的職場環境，建立健康、理性的職場關係是每一位員工應該重視的課題。應學會在尊重他人的基礎上，勇於表達自己，並在合作中實現共贏。只有這樣，我們才能在職場中獲得真正的發展，並且為未來的成長鋪平道路。

# 個人能力與自我價值的實踐比忠誠更加重要

忠誠沒錯，但別當職場傻瓜；能力重要，但沒底線就等著被清算。別把公司當家，老闆也不是你爸。守住原則，不該拿的錢別碰，該爭的利益別忍，否則最後連自己都看不起自己。

總有人問：「職場中究竟是能力更重要，還是忠誠更重要？」這是個相當棘手的問題。傳統觀念下的忠誠重要在今日已被推翻，很多人認為個人能力的實現才是最重要的核心價值，無論你的工作表現多麼出色，若公司無法給予足夠的尊重與公平對待，這樣的忠誠反而會成為無用的束縛。

雖然我們常常看到表現出忠誠的員工似乎擁有更多的升遷機會，但這並不代表「忠誠」

比「能力」要來得更重要。在現代的職場，個人能力的發揮及自我價值的實現往往能為員工帶來更多的職業機會與發展空間，而非單純依賴員工對上司或企業的忠誠。

我們應該理解的是：對於一個現代化企業來說，員工能力的提升與自我成長才是最值得提倡的。若你的工作能力持續提升，並能為公司帶來實質的貢獻，那麼即使忠誠未必能獲得即時回報，長期而言，你的能力表現將決定你在職場中的位置。

楊宇是一家公司的業務部副理。剛剛上任不久的他，年輕能幹，畢業僅僅四年就快速晉升至此，表現超凡；只是半年後，他卻悄悄地離開公司，沒有人知道他為什麼離開。

楊宇在離職之後，有次與私交不錯的同事孔華聚餐。在酒吧裡，楊宇喝得醉醺醺的，對孔華傷心地說：「你知道嗎？其實我非常喜歡這份工作，從沒想過要離職，但是我犯了一個致命的錯誤，為了一點蠅頭小利，我喪失了一個公司職員最重要的原則。雖然寬容的總經理沒有追究我的責任，也沒有公開我的作為，但我實在後悔，你千萬別犯我這樣的錯誤，不值得啊！」

楊宇的話讓孔華有如墜入五里霧中，雖然聽得不明不白，也不了解內情，但他猜想這一定跟錢有關。後來，孔華才明白，原來楊宇在擔任業務部副理時曾收過一筆款項，業務部經理說這筆錢不用入帳：「沒事，大家都這樣，你還年輕，以後多學著點兒。」

楊宇雖然隱隱覺得不妥，但是他沒有拒絕，半推半就地收下了五千元美金。當然，業務部經理拿的金額更多。沒多久，業務部經理就辭職了。後來，這件事被總經理發現，楊宇才不得不離開了公司。

孔華看著楊宇落寞的神情，知道他後悔莫及，但有的事一旦發生就難以彌補。楊宇喪失了對公司的忠誠，怎能奢望公司再相信他呢？

在這個故事中，楊宇所犯的錯並不只是單純的缺乏忠誠，而是因為他的職場道德價值觀出了問題。換個角度看，這不僅是對公司忠誠度的問題，更是個人原則的誠信破產，沒能堅守職場倫理的道德底線。

當今職場，對公司的忠誠度不再是員工唯一的立命之本，相對的，員工的能力、誠信、是否能獨立思考，以及對職場中不合理行為的行動抵制，才是他們最應該珍惜和發揮的寶貴資產。

忠誠固然重要，但當公司未能珍視你的付出、忽略你的價值時，愚忠將使職場環境陷於不公。對現代青年來說，「敢說敢爭取」才是更重要的態度。如果工作環境不合理，能勇於揭露不公並以行動作改善現況，才應獲讚揚，而非被視為問題。

就好比楊宇的例子，不少人曾對上司的行為決策感到困惑，這時，與其一味忍讓或強化員工應對上司忠誠，倒不如能清楚表達自身觀點立場、爭取合理待遇和發展空間的員工，往往更能獲得同事的支持與上司的尊重。

這並不代表對公司忠誠沒有價值，它依然是職場中應有的基本態度，特別是在關鍵時刻表現出對支持企業的誠信是十分重要的。然而，當面對職場的不合理、情緒勒索或PUA等行為時，越來越多的年輕人選擇勇敢發聲，捍衛自身權益與尊嚴，不再默默忍讓。這樣的態度不僅能保護自己，在維護自身尊嚴的同時，也建立了職場中合理的工作界線。

忠誠不應該是對上司的盲目服從，而應該是一種雙向的尊重與合作。企業與員工之間的關係應該建立在相互理解與共贏的基礎上，而非單方面無條件的服從。

# 工作不僅是為了老闆，更是為了自己

別再幻想「努力就會被看見」，這是童話，不是職場。老闆不關心你的血汗，只關心你能賺多少錢。想翻身，別當乖孩子，當個有價值的狠角色。讓公司需要你，而不是你跪求公司。

我們常常聽到這樣的抱怨：「我在公司也算是元老級了，對老闆忠心耿耿，這些年一直為公司打拚，卻還只是個小職員。」忠誠固然可貴，但如果缺乏實際績效，再多年的奉獻，也難以在老闆心中占有真正的份量。只靠迎合與忍耐撐起職涯，不但無法獲得真正的尊重，也可能錯失自我成長的機會。

傳統職場觀念常將「忠誠」與「隱忍」視為員工的美德，但在當代職場，光有忠心並不足夠。真正能為自己開創機會的，是那些能主動創造價值、持續精進、用實力說話的人。唯有不斷在工作中創造成果、突破限制，老闆才會看見，也才會願意提供更大的舞台與資源。

真正的韜光養晦，不是默默等待賞識的降臨，而是懂得何時該沉潛、何時該發聲，在關鍵時刻果斷展現價值、爭取應得的位置。職場不是忠誠競賽，而是實力與策略的舞台。你的努力，不應只換來「感謝你的付出」，而是應該帶來你值得的回報與成就。

周昊的故事是一個典型的例子。周昊本是公司的一名小職員，每天都能看到他在辦公室裡忙來忙去，任何一個人都可以支使他辦事，使他看來事情多到永遠也做不完。

後來，周昊被調進了公司的業務部。有一次，公司下達了一個新的任務：業務部在第三季度必須達成六百萬美元的銷售業績。

在業務部經理和多數同仁眼中，這根本是個不可能完成的任務，由於過去公司最佳的單季銷售紀錄也不過四百五十萬美元，他們開始對老闆感到不滿，認為老闆設定這個目標是在刁難他們。只有周昊始終不放棄、拚命地工作，兩個月之後，他自己的銷售目標達標。可惜其他人並未完全投入到工作中，在剩下二十多天的時間裡，還有兩百多萬的銷售額度需要努力。

業務部經理主動提出了辭職，周昊被任命為新業務經理。在這最後的二十多天的時間裡，他全力衝刺，此舉也感動了其他同仁，就在最後一天，他們居然成功地完成了任務。

後來，這家公司被另一家公司收購。新公司的董事長一出現，便任命周昊為總經理。原來，這位董事長在談判的過程中，曾多次目睹周昊在工作中投入的熱情，使他留下了深刻的印象。

只有努力工作，做出令人刮目相看的業績，才能在第一時間引起老闆的注意，獲得老闆的賞識，使其對你委以重任。事實證明，只有那些既能與老闆患難與共、又對工作努力、負責的人，才是最令老闆傾心和賞識的下屬。

有些人認為工作只是為了應付公司和老闆，自己只是一個打工的，賺點工資，並沒有得到太多的好處。因此，他們的工作態度消極，總是抱著隨便應付一下的態度。這是大錯特錯的想法。畢竟只有公司大展鴻圖，員工才能獲得更大的發展空間。工作不應該只是為了老闆，也不應該只是為了公司，而是為了我們自己，這才是我們應該採取的工作態度，也唯有如此，我們才能取得業績，建立優秀的工作表現。

工作越努力，就越能夠鍛鍊自己的能力，拓展各方面的見識，當然就越能展現自己的才幹，贏得老闆的欣賞和同事的敬佩。一個職業顧問對初出茅廬的年輕人語重心長地說：「我希望每個青年都切切牢記，在你們工作的時候，不必太顧慮薪水的多少、待遇的好壞，必須注意的只有一條，那就是每天多幹一點。因為工作本身能給予你們很多的報酬，比如發展你們的技能、增加你們的經驗，使你們的人格為人所尊敬等等。」

無論現在的職位是多麼卑微，被指派的工作是多麼瑣碎，都應該把這些任務視為「使自己向前跨一步」的好機會。縱觀那些成功的大人物，絕大多數都是從做枝微末節的工作開始的，有的甚至還幹過搬運工、洗碗工那樣讓人覺得低微的工作。但是，他們並未因此而消極，而是認真地對待每一項工作，努力地把工作做好，才在最後贏得了老闆的關注和賞識，最終透過努力實現了事業的成就。所以說，不因工作的卑微而改變對工作的積極性，正是職場人士贏得老闆好感的「殺手鐧」。

世界首富比爾・蓋茲也曾這樣諄諄教誨即將踏出社會第一步的青年：「一個對本職工作不肯盡心盡力，只是陽奉陰違或是渾水摸魚的人早晚會被別人淘汰的。記住，一定要努力工作，才能讓老闆看得起你、重用你，你才有機會獲得更好的發展機會。」他在告訴我們這樣一個道理：努力工作是每個人獲得老闆賞識，獲得自身成功的最快捷方式。

如果我們是公司老闆，當我們在給員工安排工作的時候，肯定是希望員工都努力工作，幫我們解決問題，使公司的業務順利開展，讓公司的盈利節節上升。既然我們這樣希望自己的員工去做，反向思考一下，當我們回到自己的位置上時，就應該考慮，老闆既然為我們提供了一個工作平臺，我們為什麼不把公司的事情做好，為什麼不去幫助老闆解決問題？

對於工作，我們每個人都應該有這樣的想法：我們工作不僅僅是在為老闆打工，更多的是在為自己今後的發展奠定堅實的基礎。在工作中越努力，越能提升自己的價值，更能贏得老闆的信任與青睞。

# 別跟老闆搶鏡頭

職場不是宮鬥劇，裝傻討好換不來未來。別再低調到變隱形，別讓別人的光芒掩蓋你的價值。拒絕PUA，拒絕當工具人，展現實力，爭取公平，讓老闆需要你，而不是你跪求老闆。

在職場中，角色清楚是合作的基礎。老闆負責掌握方向與資源配置，下屬則需具備執行力與配合度，共同推動目標的實現。懂得尊重分工、把握分寸，是職場最基本的素養。

有些人急於出頭、搶鋒頭，反而破壞團隊默契，讓主管產生戒心，甚至因此失去發展機會。在工作中適度展現能力，並不等於爭功越權；真正聰明的人，懂得什麼時候該低調支援，什麼時候該站出來扛責任。

不過，這並不表示要壓抑自我。現代職場講求尊重與公平，現今的「職場人設」是懂得表達立場、爭取權益。他們不接受情緒操控或壓迫，而是在理解規則的前提下，勇敢展現價值，爭取合理待遇。

在這樣的環境中，與其追求「不搶風頭」，不如學會在對的時間、用對的方式發光。懂分寸、有自知，也要有勇氣與專業。這樣的員工，不僅值得信任，更具備長遠發展的潛力。

張亮是北京某出版公司的總經理助理，有四年工作經驗的他，深知「過於聰明的下屬必得不到老闆賞識」的道理。儘管自己有能力，有才幹，卻在平時的工作中表現平平，有時還會故意裝傻。在老闆開會闡述某種觀點時，展現出恍然大悟的樣子，甚至帶頭叫好；當對公司面臨的難題想出了可行的好方法時，不是直接回報給老闆邀功，而是將方法私下暗示老闆；同時，自己再裝笨提出愚昧的意見……久而久之，儘管在老闆眼中他不甚聰慧，但老闆卻對他格外欣賞，很是愛惜他。

後來，總經理被調到公司總部，張亮在總經理的力薦之下，也被調到總部工作，薪水跟著水漲船高。

張亮的例子啟示我們：一個聰明的下屬，能時刻認清自己的身分，明白鏡頭永遠屬於老闆。懂得掩蓋自己的才能，就是給老闆留面子。只有這樣的員工，老闆才能對其賞識有加，並委以重任。

老闆之所以能成為老闆，自然有他高明的地方，如果一味地在老闆面前搶鏡頭，想顯示自己的高明，非但得不到稱讚，反而可能引起質疑。與老闆互動，我們要注意以下幾點：

**1.要多看老闆的長處**

有的人會自認能力比老闆好，老闆的許多決定都出自自己的貢獻，這樣的想法容易讓人產生傲慢心態。每個人都有自己的不足和缺點，作為一個下屬，就不要總把眼睛盯在老闆的缺點上。更不能口無遮攔，老是跟老闆唱反調，讓老闆威信掃地。身為一個下屬，若不尊重老闆，自然得不到老闆的器重。我們要善於發現和發掘老闆的長處，相信他們之所以成為老闆，必然有他們的能耐。

**2.不要太「招搖」，要學會示弱**

在老闆的眼中，下屬永遠都比自己矮一截，如果有哪個下屬擺明著唱反調，難保他不特別施壓。在老闆面前，我們要學會保留實力、隱藏部份想法。平時做事時不能擅作主張，尤其是那些重要的決策，務必要事先請示老闆。

**3.要學會將功勞往老闆身上推，把苦勞往自己身上堆**

每個人都想當功臣，然而居功自傲卻是一件極為危險的事情。如果順利完成某項工作，應主動將功勞聰明地「讓」給老闆，這樣既是給老闆留面子，也是給自己留退路。

有個業務人員在一個月內開拓了五條銷售管道，這在業界是一個罕見的成績，但是在季度報捷大會上，80%的功勞都算到區經理的頭上。該業務十分不滿，最後鬧得公司沸沸揚揚，最後被老闆下決定開除。很多人都表示不理解，畢竟能力這麼強的員工可不好找。面對大家的議論紛紛，老闆說：「沒有區經理，他能夠創造這麼好的業績嗎？沒有公司提供這麼好的平臺，他能有這麼好的表現嗎？」

老闆最忌諱下屬自表其功、自以為是，這樣的人，十有九個都會遭到猜忌而得不到重用。例如你替老闆寫了一份重要資料，你就得明白，這是在老闆的指導下完成的，雖然他只是修改了那麼幾句無關痛癢的幾個字、幾句話，但那些才是真正的點睛之處

老闆需要的是能幫他解決問題的下屬，而不是那些只會製造問題的下屬。鏡頭是老闆的，不要動不動就把臉貼上去，突顯自己，不要總處在「越位」的狀態。當我們取得

一個漂亮的進球、獲得關鍵性的勝利時，要記得助攻給你的人是老闆。

# 第10章

# 在被利用的過程中，堅守自我

# 堅持原則是上策

別再當別人的傀儡，聽命只會讓你迷失。順從是最貴的代價，放棄原則換來的只會是失去自我。別讓他人決定你的價值，敢於說「不」，才能創造屬於你的路。不走他人舊路，才能踩出新雪。

人人都應擁有自己的行事準則，這不僅是一種態度，更是對自我價值的堅持。沒有人願意被人操控，也不應為了迎合他人的期待而委曲求全。你的價值不取決於他人的需求，而在於你能否掌控自己的人生。

在現實社會中，總有人試圖以「機會」或「經驗」為名，讓你為他們的利益服務。他們會說：「這是難得的機會，你該珍惜！」、「現在還是學習階段，先別計較太多！」

但事實上，這往往只是換個方式的剝削。如果你未能獨立思考，而是盲目順從，最終只會淪為被擺布的棋子，甚至連拒絕的勇氣都沒有。

有人認為，順從比起反抗容易，但順從的代價可能是失去自我。當所有人都在迎合權威時，你是否還能保持獨立思考？當你努力的成果輕易被他人占據，你是否願意為自己的權益發聲？

以全球知名的咖啡連鎖品牌星巴克為例，它的成功並非一蹴可幾，而是經過策略調整與市場觀察後逐步發展而成。星巴克並不是高科技產業，與傳統咖啡館相比，它的商業模式更接近標準化經營。然而，在這條路上，它並非一開始就一帆風順。

一九八二年，霍華・舒茲在銷售產品時，意外發現西雅圖的一家名為「星巴克」的小公司向他採購多部專業咖啡機。他因此產生興趣，親自到西雅圖一探究竟，發現這家公司專門銷售現煮咖啡、香料及其他咖啡相關產品。他當場下定決心，要將一生投入咖啡產業，遂辭去年薪七・五萬美元的職位，加入星巴克，負責市場行銷。

一九八三年，霍華・舒茲到義大利出差，深受當地濃縮咖啡吧的氛圍啟發。「原來，顧客真正渴望的，不僅是一杯咖啡，而是一種放鬆、舒適的體驗。」這個靈感成為日後星巴克品牌形象的重要基礎。

然而，當他信心滿滿地提出轉型計畫時，星巴克的創辦人卻不認同這個方向。無奈之下，霍華・舒茲選擇離開星巴克，自行創業，累積了寶貴的經營經驗。最終，一九八七年，他成功募集資金，買下星巴克的全部股份，親自出任執行長，並將星巴克推向全球市場。

在掌管星巴克的二十年間，他始終秉持自己的經營理念，即使面對市場誘惑，仍堅守品牌價值。他拒絕過無數「看似合理」的妥協，只因他深知，盲目跟風不會帶來真正的成功。

這正是我們應學習的關鍵——不是所有的反對聲音都值得服從，也不是所有權威的決定都是正確的。當你的信念足夠強大、原則足夠堅定，世界終將為你讓路。

現實中，盲從的例子比比皆是。許多人看到某個產業賺錢，便不假思索地投入；看到別人成功，便盲目複製對方的模式，卻忽略了自身的資源與能力是否適合。

有一個小村莊，某戶人家因養殖麝鼠致富，引發其他村民爭相仿效，甚至砍掉原本種植良好的果樹。然而，由於缺乏養殖經驗，這些人接連遭遇挫折，最終無法獲利。當他們發現水果市場行情大好時，卻已回不了頭，因為他們早已失去原有的優勢。

這正是盲從的代價——當你將選擇權交給別人，你的未來也就掌握在別人手中。

堅持自己的底線和原則，學習別人的成功之處，不一定要照單全收，但要把發揮作用的核心吸收過來，再以自己的方式展現。認真、執著，也是一種優點，更是一個人的特點，一時的輸贏不代表未來，把眼光放遠來看，才會知道什麼是真正的成功，什麼是真正的好。

做人千萬不能盲從跟風，要能堅持自己的原則，有自己獨立思考問題的能力。無論是在生活中，還是在我們被人利用的時候，都要秉持自己的原則，不能隨隨便便就改變自己內心的主見。如果失去了自己，你就等於失去了那塊屬於自己的空間，只能生活在別人的世界裡。

走在滿是積雪的道路上，如果你只是踩著別人的腳印前行，你將永遠也體會不到雙腳踩在厚厚的雪上，發出的「咯咯……」聲所帶來的快樂。而且被踩過的地方更難前行，反而更容易跌個四腳朝天。

# 在被利用的過程中保有自己

別讓人生變成別人的操控遊戲。你不是風箏，不該隨風飄動。拒絕盲從、拒絕妥協，敢於為自己爭取，活出屬於自己的價值。當你不再迎合，他人也會學會尊重你。

在這個高倍速時代，人人都希望自己能充分發揮價值，但這並不代表得無條件接受別人的安排，甚至被迫接受不合理的對待。我們可以跟人合作，但不能被操控；可以學習，但不能盲從；可以妥協，但不能被犧牲。如果你總是默默承受現況，最終只會變成任人擺布的棋子。

你我不是風箏，不該讓人手握線的那一端。我們得學會爭取自己的權益，清楚自己的底線，而非任人人決定方向。如果你選擇沈默、選擇妥協，那麼最後的結果可能就像隨風飄蕩的風箏,最終墜落。

本田汽車創始人本田宗一郎被譽為二十世紀最傑出的管理者。然而,人人都說就算是老虎也有打盹的時候,他也不例外,也有鬆懈的時候。

有一天,本田宗一郎正在辦公室裡休息,一個來自美國名為羅伯特的技術部門幹部來找他。羅伯特興奮地將自己最新設計的車款設計圖拿給本田看,這可是他花費了整整一年的時間所設計出來的,羅伯特說道:「總經理您看,這個車型太棒了,上市後肯定會受到消費者的青睞!」

羅伯特本來還想繼續說下去,但當他看到本田依舊閉目養神,並未睜開雙眼時,他停了下來,收起了圖紙,朝門外走去。此時的本田也覺察這微妙的氣氛,他立刻抬頭,只見羅伯特頭也不回地走出了總經理辦公室。

第二天,本田為了弄清楚事情原委,特地邀請羅伯特喝茶。羅伯特見到本田後,說的第一句話是:「尊敬的總經理閣下,謝謝您這兩年來對我的照顧,我已經準備回美國了。」

「啊?這是為什麼,你不是做得好好的麼?」看得出來,本田還是很有誠意地想挽留羅伯特。

羅伯特很坦白，他說：「我離開公司的原因正是因為當我向您介紹新車款時，您從頭至尾都沒有仔細聽我的講解。我其實為自己這款設計深感驕傲自豪。當我喜孜孜的拿出設計圖向您說明這個車款設計有多好的同時，已對新車上市後的前景有了光明的展望。但您卻依舊低頭閉眼休息，沒有任何的反應。所以我改變主意了！」

離開本田公司後，羅伯特拿著自己的設計找到了福特汽車公司。福特公司決定對這個車型投資生產。後來這款新車上市後，給本田公司帶來了不小的衝擊。

羅伯特鍥而不捨，他沒有因為本田的一絲懈怠而放棄自己追求新車設計的熱情；輾轉到了福特公司，終究取得成功。如果他認同本田冷漠的態度，便跟著否定自己花費一年時間所做出的設計，他將喪失一個大好機會。

當你在一處得不到應有的尊重時，就該勇敢離開，去尋找真正的伯樂。你的價值不該建立在別人的施捨上，而是要靠自己去爭取、去證明。

我們常聽人說：「順從是種美德」，但這並非隨時適用。當有人試圖以權威壓迫你、逼你無條件服從時，你應該果斷拒絕，而不是默默承受。我們應該駕馭自己的人生，而不是任人馴服的馬。

在這個資訊爆炸的時代，許多觀點、趨勢、社會壓力會影響我們的選擇，但我們絕不能因此放棄獨立思考。當別人要求你盲目跟隨時，請記住，自己有權選擇拒絕。

人生不是單選題，無須活在他人劃定的框架中。你可以嘗試、可以探索，但最終的決定權永遠該掌握在自己手裡。無論是職場、生活還是夢想，都該由自己主導，而不是別人強迫加諸於你的身上。

如果一條路走不通，那就換一條路；如果一個環境壓抑你，那就換個地方；如果有人試圖控制你，請勇敢說不。你不必討好任何人，更不需要為了迎合他人而失去自己。

在這個時代，敢說敢爭取，拒絕所有不合理，才能真正活出自己的價值。

# 要想人前顯貴，學會背後受罪

別再容忍那些毫無意義的考驗了，別讓自己成為別人玩弄的工具。把時間花在真正值得的挑戰上，拒絕毫無意義的折磨。努力不是為了忍受，而是為了爭取真正的價值。堅守底線，讓自己更強大，別當傻子。

在這個競爭激烈的社會，許多人渴望成功，但並非每個人都願意為成功犧牲一切。有些人認為：「要想人前顯貴，得學會背後受罪。」然而，現代年輕人更在乎的是：努力不是問題，但無謂的折磨不值得忍受；可以接受挑戰，但無理的羞辱應該拒絕。

每個人都應該清楚自己的價值，而不是讓別人來決定你的極限。忍耐不是無止境的，努力應該有意義，付出也應該值得。

一名初入社會的年輕人找到一份海上油田鑽井隊的工作。第一天上班時，領班要求他在規定時間內登上數十公尺高的鑽井架，將一個包裝精美的盒子送給頂層的主管。

年輕人拿著盒子，心想裡面肯定裝著重要物品，於是快步登上狹窄的鋼梯。當他滿頭大汗地抵達頂層，成功將盒子交給主管時，對方只是快速簽上名字，連看都沒看他一眼，便讓他送回給領班。他再次快步走下鋼梯，把盒子交給領班。然而，領班同樣簽完字後，要求他再次將盒子送上去。

年輕人雖然開始感到疑惑與不滿，但仍選擇服從命令。他再度攀爬鋼梯，汗水浸透衣衫，雙腿發抖。當他第二次將盒子交給主管時，主管依舊只是簽字，又讓他送回去。如此反覆了幾次，當領班再次要求他送上盒子時，他的怒火終於升起，卻仍強忍著不發作。

他渾身是汗，氣喘吁吁地遞上盒子。這次，主管終於說：「打開盒子吧。」

年輕人小心翼翼地拆開包裝，卻發現裡面竟然是一罐咖啡和一罐奶精。他的怒火瞬間爆發，覺得自己被耍了，怒氣沖沖地將盒子扔在地上，大聲說：「這活我不幹了，沒這樣欺負人的！」

主管緩緩站起來，直視著他，說：「看在你還算有點耐心的份上，我來解釋一下。這是一項『承受極限訓練』。在海上作業時，危險無處不在，隊員必須擁有極強的抗壓力，才能應對各種突發狀況並完成任務。可惜的是，你只差最後一步，沒能堅持到最後喝上你沖的咖啡。現在，你可以離開了。」

忍耐，不是讓你當人肉沙包。

很多人把忍耐當成職場生存法則，誤以為咬牙撐過一切就能換來被看見、被肯定。但現實是什麼？你越能忍，別人就越敢踩。你什麼都不說，只會讓他人覺得你沒底線、好操控。

錯，忍耐有時必要。但前提是：你忍得有策略、有目標，是為了在適當時機出擊、放大自己的價值。如果你只是盲目地吞下委屈，等著哪天被提拔、被理解，那不叫忍耐，那叫妄想。

別人擺佈你，讓你違背原則、扭曲底線，卻還期待你默默承受、繼續賣力，那不是修養，是自我消耗。真正聰明的人懂得：可以合作，但不必討好；可以低頭，但不該卑微；可以沉潛，但更要堅持自我。

忍，是為了走更遠的路，不是為了成全別人的貪婪。你可以選擇沉潛，但必須清楚自己在等什麼、爭什麼。該出手時，必須毫不猶豫地亮劍，讓對方知道你不是誰都能拿捏的小角色。

總之，別讓忍耐變成你被剝削的藉口。想要被尊重，就得先創造價值，再主動爭取回報。別再當被動等待的棋子，而是該成為能主導局勢的那個人。

# 堅守做人原則——拒絕讓不合理成為習慣

別再當乖乖牌了，職場不是讓你磨平自我尊嚴的地方。別忍受無理要求，拒絕討好，說「不」才是最強的反擊。學會為自己發聲，不被情緒操控，才不會一輩子淪為別人的工具。

如果想在被人利用的過程中做到明哲保身，就必須深刻了解到，如果對別人的看法總是唯唯諾諾，絕不是一個保護自己的高招，因為那樣只會壓抑自己的夢想和激情，甚至導致消失。只有堅持一定的原則，才會讓我們有自己的主見和明確的立場，才不會在被人利用的時候迷失方向，變成一個沒有自我的人。

在被人利用的時候，有些原則是不可以忽視，更不能被丟棄的。即使未來並不明朗，但命運必須掌握在我們自己的手中。只要你堅持一定的原則，就不會淪落到被人擺佈的處境。

**1.記住別人的名字**。名字雖然就那麼兩三個字，卻是一個人的印象，記住對方的名字，會使人對你留下深刻的印象。

**2.盡最大的努力讓自己成為一個隨和的人**。任何時候態度都輕鬆自然、不做作，讓利用你的人感覺：你並不知道自己已經被利用了。

**3.妥善隱藏自己的情緒**。生氣、抱怨是不滿情緒的展現。所以，我們要能夠適當地隱藏自己的情緒，面對任何事情都要從容不迫，處之泰然，讓別人覺得你是一個心胸開闊、有修養的人。

**4.不逞強**。無論遇到任何事情，都不要逞強，必須了解自己的能耐，清楚理解任務的內容，需要的結果為何，再考慮是否接下任務。有些事情，答應的時候感覺很簡單，等真正做起來的時候，會發現其中的不容易。

**5.保持平常心**。當別人取得突破或成功的時候，記得向對方表達祝賀之意；同樣的，當別人受到打擊、處於低潮的時候，也要對他們表示誠懇的祝福。

**6.了解你的利用者**。對利用你的人要有一個清楚的認識，或至少要有一個大致的了解，這樣才能更完美地協助他們，為他們排憂解難，他們也會在利用你的時候更加關注你，一旦得到他們的信任，我們就會得到更好的發展機會和空間。

與人方便，自己方便。當然原則方面一步也不能退讓，因為這是讓我們脫穎而出的關鍵。若能堅持這些原則，哪怕是被人利用，也能安安穩穩地度過，而不受人擺佈，而且也會為日後自己的成功增添足夠的分量。

小馬是一家醫藥公司銷售部門的銷售代表，他十分熱愛自己的工作，每一天，他都全力以赴。小馬與公司裡的每一個員工相處得都不錯，可就是與同部門的劉經理相處得不太融洽，這讓小馬感到很苦惱。

小馬剛進銷售部門的時候，原以為劉經理會對新員工進行有關市場行銷和管理方面的培訓，可劉經理卻讓他們在「做中學」，自己在實戰中去摸索經驗，這讓小馬很失望。當小馬提出要與劉經理私下探討行銷技巧時，劉經理只是說「考慮考慮」，便沒了回音。

工作幾個月後，小馬對自己的前途感到很迷茫，因為劉經理除了要求銷售部人員完成每個月的銷售計畫外，沒有任何指導和激勵。小馬覺得這份工作太沒吸引力和挑戰性，他需要有一個長期的、更大的目標指引他。更讓小馬不能忍受的是，劉經理在銷售部的日常管理方面什麼事都要插手，讓每個銷售人員失去了自由發展的空間。小馬覺得，劉經理之所以不給他們培訓，傳授經驗與技巧，是因為劉經理沒有這方面的能力。在上個月銷售部門的內部會議上，小馬就對劉經理的一些工作方法提出了異議，引起劉經理極大不滿。

結果，本應屬於小馬的優秀員工獎也被取消了。面對劉經理這樣的主管，小馬感到忍無可忍。經過反覆痛苦的思考後，小馬向人力資源部遞交了辭職信。

如果你怒氣衝衝地找主管或什麼人表示你對他的安排或做法不滿，很可能會把他給惹火了。所以即使感到不公平、不滿、委屈，也應當盡量先讓自己心平氣和下來再說。也許你已積聚了許多不滿的情緒，但不能在此時一股腦兒地發洩出來，應該就事論事地進行討論。過於情緒化將無法清晰地說明理由，而且還會讓對方誤以為你是對他本人而不是對他的安排不滿，經過幾番誤會，恐怕你就得自行另尋出路了。

# 堅持自我，敲開成功的大門

別再聽別人的廢話，活出你自己的劇本！放棄迎合，拒絕被外界操控，只有堅持自己的選擇，敢於挑戰，才能迎來真正的成功。成功不是忍耐，而是敢於為自己爭取，敢於從失敗中爬起。

在現實生活中總少不了一些對他人的選擇指指點點的評論。若你過度在意這些聲音，最終可能會迷失自我，被外界的標準束縛，放棄自己的初心。

如果選擇順從別人的期待，犧牲自我，那只是讓自己成為一個容易被操控的棋子。與其被動接受他人的安排，不如主動出擊，勇於表達自己的想法，敢於為自己的權益發聲。成功的關鍵不是忍氣吞聲，而是學會拒絕不合理的對待，勇敢爭取應得的機會。

通往成功的道路沒有標準答案，沒有任何人能指引正確的方向。我們應學會獨立思考，堅持自己的選擇，而不是一味聽從外界的聲音。只有堅守自己的立場，才能真正掌握未來。

楊長林，重慶金谷集團的董事長，就是一個勇於堅持自我的範例。

一九九九年初的一天，他在日本北海道的一處溫泉景區內突發感嘆：「如果能把這個溫泉給搬到重慶去，該有多好！」

當時的他在房地產和旅宿業都有建樹，卻突然迷上了溫泉。半年後，他收購了位於四川銅梁的古西溫泉。讓他始料未及的是，在花費了上千萬的投資後，才發現附近有一家污染嚴重的造紙廠。

但是楊長林對溫泉事業的信心沒有動搖，他雇用了一家地質勘探公司開挖溫泉井。但挖了幾千米，井卻沒有出水。這一次，他花了四百多萬元。

他沒有放棄，選擇易地重來，又投入四百萬元，哪知道還是沒能挖出溫泉。

由於幾次工程都沒能成功，一些員工和朋友開始私下評論他的舉措：「老闆不是瘋了吧！公司的生意做得那麼好，卻把這麼多錢拿來窮挖洞！」楊長林也有些動搖了。

二〇〇一年初，楊長林召集公司員工和有關專家，召開了一個會議，準備對自己的失誤進行檢討，結果一張地圖的出現，使一切都改觀了。

情況是這樣的，就在大會開始的一小時前，一位著名的地質專家突然不請自來。他拿著一份地質結構圖找到了楊長林。

「聽說您到處開鑿溫泉井，您知道嗎？最好的地方其實就在您的腳下，我有九成的把握能挖出溫泉。」專家興奮地說。

一個月後，楊長林再次開鑿溫泉井。但是三個多月過去了，鑿到的水層水溫依然沒有多大變化。

「難道我錯了？」每天七、八萬元的投入，讓他的心情十分沉重。

一位員工勸他說：「還是放棄吧，董事長。」

「再挖五天！」楊長林的氣勢也減弱了。

然而，事情的發展就是這麼戲劇化，就在兩天後，當鑽機設備挖到三〇六〇米的時候，一股濃烈的硫磺氣味瀰漫而出。

溫泉工程終於成功了！楊長林回想做起溫泉生意以來的種種不順，遂給這座溫泉起了一個名字：天賜溫泉。

楊長林的成功，貴在堅持。如果楊長林幾次的失敗之後選擇放棄，他只可能成為一個被動接受現狀的人，而非開創新局的企業家。他的成功，不是因為被動的忍受困難，而是因為他堅信自己的目標，勇於堅持挑戰。

堅持自我，不是固執己見，而是擁有清晰的判斷力和獨立思考的能力。

松下幸之助的故事同樣印證了這一點。

一八九四年，松下幸之助出生在日本和歌山縣的一個貧窮家庭，在小學四年級時，便來到大阪開始了獨立的生活。

剛開始，他在一家火盆店裡當學徒，同時還要幫忙店家照顧小孩。過慣了苦日子的他雖然不覺得辛苦，但是心裡常常感到孤單，經常一個人偷偷哭泣。

一年後，火盆店關門了，老闆介紹他到一家自行車店工作。新老闆對他很好，還教會了他許多作為商人應該具備的知識和素養。

隨著年齡的增長，松下也在考慮是否要換其他工作。在當時，電氣行業還是新興產業，但他敏銳地意識到這個行業的將來一定大有發展。

一九一〇年，松下辭去了自行車店的工作，到大阪電燈公司做練習工，雖然很辛苦，但是他興致高昂，每天為人裝配電線、安置電燈，不斷提升自己的技術。同時，他也開始去大學夜間部上課，努力學習。

由於工作表現出色，松下被提拔為檢驗員。雖然算小有成就，但他並不以此自滿，他想改變自己，過更有意義的生活。

此時的他已經設計出一款改良燈插座，他想靠自己的技術創立自己的企業生活，而不是永遠給別人打工。

一九一七年，他辭去了工作。在克服諸多難關之後，他終於有了自己的廠房，聘請了員工，但新插座所需的外殼材料問題卻一直得不到解決。

此時的松下沒有退卻，他和幾個合作對象反覆實驗，但仍未能成功。幸運的是，一個舊同事的出現，幫他解決了這個技術難題。

有了產品，接下來該如何將它推向市場呢？他遇到一連串的難題，最後，合作的人一一離去，只剩下他的妻子、內弟和他自己三個人。

松下也曾有另謀出路的想法，但很快地，他又堅定了信念，相信自己的事業計畫。

後來，他們的堅持終於有了收穫，有個電器廠與松下簽訂了第一筆訂單，松下賺了創業以來的第一個八十日圓。

一九一八年，改良後的新插座得到了市場的認可，由於物美價廉，松下取得了可觀的利潤。在產品熱賣的同時，他又開始開發新產品，攻佔各種領域，取得新的成功，不斷邁向事業的新高點。他的堅持，最終造就了世界知名品牌『Panasonic』的誕生。

他的創業歷程並非一帆風順，甚至在早期，連合作夥伴都選擇棄守。但他從未懷疑自己的選擇，最終成功開發產品，建立了自己的品牌。正因為他選擇勇於堅守自己的道路，而不是盲目順從，才能創造出今日的松下電器。

我們不應該為了迎合他人的期待而放棄自我。面對質疑時，我們要有自己的判斷力；面對困難時，要有突破困境的勇氣。拒絕情緒勒索，不讓 PUA 控制我們的思想，這才是當代年輕人該有的態度。

人生的選擇權永遠在自己手中。與其被動等待，不如勇敢行動；與其順從別人的安排，不如主動創造自己的未來。堅持自我，不是為了與世界對抗，而是為了讓世界看到自己的真正價值。

# 第11章

# 保有無害的小心機

# 勿讓人拿你當槍使

別讓人當工具人，別被權力遊戲玩弄！面對試圖操控你的人，堅決說「不」，別讓別人把你當棋子，利用完就丟。獨立思考，勇於拒絕，別讓所謂的「公義」成為他們的操控藉口。

在我們的生活與職場中，總會遇到各式各樣的人。有些人表面上對你友善，實際上卻試圖操控你，讓你為他們的利益奔波，甚至在事成之後，立刻翻臉不認人，把你當作用過即拋的免洗餐具。

不用害怕與人合作，也別怕為自己爭取機會，但絕不能讓別人輕易操縱我們的行動，成為別人的工具人，甚至被捲入他人的陰謀之中而不自知。當你發現有人試圖利用你來達成他們的目的時，必須果斷拒絕，否則最終受傷害的就是自己。

小王是某公司行銷部的一名員工，最近他碰到了一件不可思議的事情。

原來，客服部的經理覺得行銷部的工作是個肥缺，他一直想坐上行銷部經理的位置，經常在背後搞點小動作。這些事情大家心知肚明，但沒把它當回事。長期以來，行銷部的業績一直很好，想要撤換經理談何容易？除非採取一些不尋常的手段，他才有可能得到機會。

當然，一個人的力量是微弱的，客服部的經理也意識到了這點，因此他一直都在物色可以利用的機會。在一次年終會議上，小王對行銷部經理提出了一些意見，客服部經理看在眼裡，記在心裡，認為小王可以為他所用。

有次，小王在公司附近的一家餐廳用餐，碰巧遇到客服部經理。這位經理主動與小王打招呼閒聊，話題也慢慢地轉向了行銷部經理，客服經理試圖從小王身上獲取他對行銷部經理的看法。

小王是一個不道人長短的人，只是淺淺地笑一笑，並沒有著他的道。客服部經理倒是急了，乾脆別有用心的為行銷部經理對待小王與同事的遭遇打抱不平，還舉了一些例子來證實他的說詞。本以為這樣能破除小王的心防，同時激發他內心的不滿，進而與他站在同一戰線。

但小王依舊保持沉默。客服部經理以為小王認同他對行銷經理的指責，便動情地加油添醋：「身為一名經理，居然在公司作威作福，必須得有人出面制止，並向上級報告。」看似一身正氣，說完便鬼頭鬼腦地唆使小王，要求小王發函檢舉，指控行銷部經理，內容事例由他提供，上繳前請他在信上簽名。

小王冷靜的識破了客服經理的意圖，為他的陰險感到吃驚，斷然拒絕了他的提議。

小王心想：「想拿我當槍使，門都沒有。」除了拒絕對方提議，更與對方保持距離，避免被牽扯進這場爾虞我詐的權力鬥爭中。

在利益面前，很多人習慣操縱他人來達成自己的目標，而被利用的人往往在事情結束後才驚覺，自己不過是被人利用的工具。歷史上這樣的例子更是屢見不鮮。

明成祖朱棣在位時，因與自己的妹夫駙馬都尉梅殷政見不同，便產生了謀害他的想法。這樣的事情不便公開做，因此祕密進行，於是成祖派遣前軍都督譚深和錦衣衛指揮趙曦去完成差使。

那天，梅殷如同往常一樣上朝，就在走到橋上時遭譚趙二人故意將他擠下橋去，害他被活活淹死。本以為此事做得巧妙、沒人看到，卻偏偏有人目睹了整個過程，並狀告他們二人蓄意謀殺駙馬。

鐵證如山，朱棣只好假裝公正，讓刑部依法辦理，最終定二人死罪。結果這二人抵死不從，偏要說出真相：「奉的是皇上的命令」，於是朱棣心頭一橫，命大力士打掉他們的牙齒，然後斬首示眾。

當你成為別人的工具時，你的價值僅限於對方需要你的時候，一旦事跡敗露，你很可能會被當作棄子，為別人承擔後果。

在這個時代，我們早已不是任人擺布的棋子。我們敢說、敢爭取、敢反抗，面對試圖利用我們的人，我們要堅決說「不」。

不要輕信任何「激將法」或「情緒勒索」。儘管有人用「如果你不幫我，就是沒有良心」、「你怎麼不為公義發聲？」這類話術來施壓，但我們更該明白，真正的公義不是被人操控的藉口。

保持獨立思考，不人云亦云。面對別人的言論，不要輕易附和發表意見，特別是牽涉到利益或人際鬥爭時，先觀察、分析，再做決定。

不做沉默的大多數，而是選擇理智應對。遇到不公平、不合理的事情，當然要勇敢發聲，但一定要確保自己的行動是基於理性判斷，而不是被他人牽著鼻子走。

這個世界不乏想操控你的人，重點是你願不願意讓他們得逞。不要做別人的棋子，而是要做自己人生的掌舵者！

# 一定要警惕的職場陷阱

職場不是養成你的人生舞臺，而是場地獵場。別當別人的工具人，也別把自己暴露得太過無防備。小心每一步，避免陷入利益陷阱，懂得識人、保持距離。別讓你的真心，成為他人爾虞我詐的武器。

職場並不是單純講求努力與實力的地方，它就像是社會的縮影，充滿各種複雜的人際關係和潛在陷阱。有些人表面友善，實際上卻在暗中算計，甚至利用你來達成自己的目的。我們不怕與人合作，但拒絕被人操控；不怕幫助別人，但不做別人的工具。想要在職場中立足，就要保持警覺，獨立思考，避免落入別人的圈套。

剛進入職場，許多年輕人習慣以真心換取別人的信任，認為坦誠相待就能得到同等的尊重。然而，天真並不是優勢，尤其是在競爭激烈的環境中，過度暴露自己只會讓人有機可乘。

大學畢業後，劉明很快在一家公司找到了一份技術工作。後來，公司主管發現他不僅技術能力強，而且思維敏捷，文筆流暢，具備了對工廠內部管理的能力。原來劉明的大學期間自學了不少領域的專業內容，雖談不上精通，卻也不比那些本科生差了多少。主管很欣賞他，認為他負責技術工作委屈了他，便將他調進辦公室，從事行政部門的工作。

劉明本就是不拘小節的人，平時喜歡與人打成一片。自從到了辦公室後，為了與新同事打好關係，便與同事稱兄道弟，還經常把自己的一些祕密說出來與大家分享，希望這樣能更快地融入群體。

劉明有一個同事名叫張強，是公司的資深員工，幾年來眼看著其他人不斷晉升，只有他一直留在原地。看到劉明才來幾個月就升職加薪，心理更不平衡，總想著逮到機會要整他一下。

在一次過節聚會中，劉明又興致勃勃地和大家談天說地。

只聽張強說：「我來公司都兩年多了，工作也沒調動過，真沒意思。」

劉明看張強一臉不開心，便熱心地湊過來對他說：「別急，主管的眼睛也是雪亮的，只要你努力工作、能力出眾，主管早晚會知道的。你瞧，我才來公司幾個月，主管就給我漲了工資……」

話一出口，現場氣氛瞬間降至冰點，其他同事紛紛沉默走避。劉明卻沒有察覺異樣，依然熱情地與大家相處。但到了年終模範員工投票時，他竟然一票未得，這才意識到自己可能被孤立了。

問題不在於他說了什麼，而是他低估了職場的微妙氛圍。在一個競爭激烈的環境中，他無心的一句話可能被解讀為炫耀、貶低別人，甚至成為遭人攻擊的把柄。

初入社會的年輕人，常常遭人利用而不自知，職場中這種情況也經常能看到。或許這也是年輕人步入社會必須小心的細節。

在他人需要之際伸出援手雖只是舉手之勞，但仍該考慮清楚後果，有時在他人需要之際伸出援手雖只是舉手之勞，但仍該考慮清楚後果，卻誤做了壞事也不盡可知。做下屬的在力求表現，甘為主管所用、展現自己價值解決職場難題的同時，也要懂得分寸，不能讓自己成了主管手下的一枚棋子。

凡此種種，同事也好，主管也罷，行事之前一定要弄清楚對方的真正意圖；若沒弄清那潭水有多深就一頭跳下去，或許將為自己帶來致命的傷害。

有些人會為了利益不擇手段，人前與你稱兄道弟，口中說相見恨晚；到了人後，便處心積慮地設計一個又一個陷阱，讓你開心地往下跳。

面對職場上的陷阱，我們應秉持堅定的是非觀。當面前擺著一塊大餅時，更要冷靜地想一想，不要被別人放出的煙霧迷惑。如果無法抵制誘惑，往往會使自己陷入身不由己的局面，再想抽身可不容易。

「一失足成千古恨，再回首是百年身。」身處在陷阱之前，千萬別不顧一切地往下跳，從利益的角度思考就能發現：沒什麼好處是輕鬆就能獲得的，不要讓自己淪為別人的墊腳石。當人蓄意利用達成目的後，往往隨意一腳把你踢得老遠，讓你想翻身也難，後悔也來不及了。

# 職場不能天真，需善用選擇權

職場不是你施展才能的舞臺，而是你被利用的戰場。別做誰的墊腳石，也別為了迎合而犧牲自己。懂得拒絕、保持界線，讓自己不成為工具人，學會說「不」，讓他們知道，你的價值由你決定。

職場如戰場，並非單靠努力就能成功，更是一個需要智慧、策略和強大心理素質的競技場。在這個環境裡，你的能力價值不盡然能換來應有的尊重，因為總有人試圖利用你、踩著你上位。我們不用怕幫助別人，但絕不做別人的墊腳石；不畏合作，但拒絕成為工具人！要想在職場站穩腳跟，就必須學會辨識那些別有用心的人，防止自己被捲入不必要的紛爭。

古今歷史受小人讒言打擊迫害的人數不勝數，在人類文明不斷演進的今天，這種人並未絕跡，歷史總不斷重演。這就像相同的劇本改由不同的角色輪番上陣演出。因此我們更得仔細觀察四周，難保這樣的劇情不會在我們身旁上演。

我們常說「我們常說能力有多大，責任就有多大。」其實這也意味著我們在奮鬥的過程中所面對的困難將可能越來越大，那些心存妒嫉的人就像一枝枝暗箭，隨時都可能以你為靶心飛來，狠狠從心臟穿透而過。

職場裡最可怕的不是那些公開與你為敵的競爭對手，而是那些表面關心你、暗地裡卻想方設法算計你的人。真正的朋友會跟你一同進步，但「偽朋友」則會用甜言蜜語讓你放下戒心，然後利用你的信任來達成自己的目的。

小陳和小汪是好朋友，也是同事眼中的金牌搭檔，兩人僅工作兩年，就成了部門的優秀員工，能夠獨當一面。

每年，為了激勵員工，公司都會進行內部考績競賽，優勝者將得到優先晉升的機會，而在這一次的角逐中，小陳和小汪都堅持到了最後，雙雙脫穎而出。

不過，新的職缺需求有限，誰能脫穎而出，勝負難測。當人事經理分別找他們談話時，問題出現了。

在與小陳的談話中，人事經理說：「我知道你跟小汪的關係很好，所以想從你這進一步了解他這個人。」同時要求小陳對小汪做出評價。他甚至還暗示小陳，小汪正是他的直接競爭對手。

小陳說：「我與小汪的關係還不錯，他表面上看來能力突出，不過獨立解決重要問題的能力還有待加強，這也是我一直以來不斷幫助他的地方，為他減少許多困難。」說著，他還把小汪過去的一件小缺失說了出來，並小題大作的反覆強調是自己幫忙擺平了此事。

後來，人事經理又以同樣的問題詢問小汪，小汪說：「在我眼裡，小陳是我在公司最好的朋友，我自己經常得到他的幫助，也從他那學到了很多。」

經理又問：「不只是他幫過你，我知道你也幫他不少。你覺得你們倆誰更適合主管的職務？」

小汪回答：「我想，小陳更適合擔任主管，他工作熱忱、業績突出，如果小陳能夠升職，我將全力配合他的管理，透過學習提升自己的能力。」

最終，公司選擇升任小陳為主管，但這件事並沒有就此結束。小陳的小動作被其他同事看在眼裡，導致他上任後，團隊氛圍變得微妙。幾個月後，因為缺乏真正的支持者，小陳的管理工作舉步維艱，甚至成為公司內部流言的主角。

這個故事告訴我們：在職場中，真正值得尊敬的不是那種靠打壓別人往上爬的人，而是那些憑實力、靠專業能力說話的人。

在職場上，你可能會遇到這樣的話術：

「這個任務就交給你了，只有你能完成！」（但從來沒有因此得到升職或加薪的機會）

「大家都這麼做，你不願意幫忙是不是不合群？」

「我們是朋友，你就幫我一把吧。」（但對方從不回饋你的付出）

這些話看似合理，實際上是一種情緒勒索，讓你產生內疚感，從而無條件地為別人付出。然而，你不是誰的救世主，也不應該為了迎合別人而犧牲自己的利益。

一個人，當他面臨的對手越強大時，說明他的能力也越大。不過，聰明的人是看到對手的優點，以此來襯托自己的強大；而平庸的人就會把對手的缺點搜出來，大肆渲染，想透過貶低對手來提高自己，而這恰恰是在降低自己的身分。試想，如果對手是一個一無是處的人，你還有必要跟他比較嗎？透過貶低這樣的人來抬高自己，本身就是一個笑話。

當然，一個主管不會喜歡在背後說人不是的人，不過他們總會有犯錯的時候，一時的偏聽偏信，就有可能讓一個優秀的員工失去一個更好的機會。明槍易躲，暗箭難防，有的人會為了追逐一時的利益而不擇手段，所以，我們就要打起十足的精神，好好盯緊自己的身後，聽聽別人對你的真實看法，這樣才能讓自己看穿別人的面具，看清他們的內心，以免使自己成為他們謀取利益的工具。

# 堅持自救的美學

**成功不是靠忍受或等待，而是主動創造機會，勇敢爭取應得的權利。別當人家的棋子，拒絕被操控，學會站起來爭取，讓自己不可取代。人生的突破，來自於挑戰與不妥協的勇氣！**

一個人的成功其故事之所以吸引人，是他站在臺上領獎接受掌聲的那一刻嗎？當然不是！最吸引我們的，是他如何從困境中突破重圍，如何勇敢爭取自己應得的權利，而不是默默等待救援。

人生不可能一帆風順，成功者總是從困難與挑戰中找到自己的路。若面對困難只是一味的忍耐等待，不僅可能失去改變現狀的機會，還可能淪為被操控的對象。現代社會中，真正的強者不是默默忍受壓迫，而是勇於表達自我、爭取公平待遇，拒絕一切不合理的對待。

一九八九年，林聰穎在青島做服裝零售生意掙了點錢，回到老家準備開辦成衣廠，遭到了親友的一致反對，不過，在他的堅持下，成衣廠還是成功地辦了起來，「九牧王」的前身也隨之誕生了。

在九牧王這個品牌還不為人熟知的時候，林聰穎為了將九牧王西褲的品牌打進北京王府井商場遭遇極大困難，商場經理多次拒絕他的進駐。不過，他並沒有放棄，照樣積極求見，人家最後看見他就躲得遠遠的。無奈之下，林聰穎決定直接到經理家拜訪，但在不知地點的情況下，只好用了不光明正大的方法——跟蹤。

在經理下班時，他偷偷跟在人家身後。當時經理騎的是自行車，林聰穎只好在後面跟著跑，跑得滿身是汗，最後還是沒能跟上。第一次失敗了，沒關係，還有第二次。這次他選擇搭計程車，但最後遇到紅綠燈，再一次跟丟了。

林聰穎異常懊惱，失落地回到住處，卻意外從一位老鄉那得到了經理家的具體地址。當晚林聰穎買了一些水果就登門拜訪，本想人在家中應該比較好說話，卻被拒於門外，連進門的機會也沒有，並且被告知：「如果再來，你的產品永遠進不了王府井。」沒辦法，林聰穎只好天天到經理辦公室等。就這樣半個月後，直到王府井商場董事長出差回來，九牧王西褲才獲得一個進王府井試賣的機會，最終憑藉其產品的優良品質，九牧王西褲在王府井站穩腳跟，為開拓全國市場發揮了決定性的影響力。

這就是「西褲大王」的經歷，如果他一心等著別人大發慈悲來給他機會，那成功的機率將幾乎為零。成功並不是靠忍氣吞聲或等待施捨，而是主動創造機會。拒絕「被動接受現況」，才能真正決定自己的未來。

為什麼總有人想等待救援呢？主要還是因為他們低估了自己的實力，沒能正視自己。其實，每個人的潛力都是在逆境中一步步被激發，我們的能力是透過不斷克服困難而提升，這也是認識自己的一個絕佳機會。有的人習慣放棄，習慣等待援助，他們總會為眼前的失敗找到看似合理的藉口。在困難面前，已為自己找好臺階的人，怎會想迎接挑戰呢？

在逆境中，有人學會了逃避，學會了放棄，並安慰自己說「要適時知難而退」；有人選擇堅持，迎向挑戰，斷絕一切後路，置之死地而後生。那些能獲得成功的人，正是後者；而前者終其一生也不可能有大成就，不僅容易成為別人利用的對象，更容易成為別人利用的棋子。

現代社會中，有太多人習慣用PUA（心理操控）或情緒勒索來控制別人，讓人產生「你必須感激這個機會」的錯覺，甚至讓你以為「自己不夠好，應該更努力才能值得被公平對待」。但事實是，沒有人應該接受無謂的剝削。

有些人習慣順從，害怕表達自己的需求，擔心被批評、被排擠。但當你選擇忍讓，你只會被視為軟弱、容易被操控。相反，當你勇敢發聲，爭取應得的權利，你才能真正掌控自己的命運。

在職場上，你的價值不是由別人定義，而是取決於自身的能力與選擇。如果遇到不公平的待遇，不要害怕拒絕，不要害怕爭取。你的權利無須別人施捨，而該擁有得理直氣壯。

有人說：「不怕被利用，就怕你沒用。」但這句話忽略了一個關鍵點——我們不僅要創造自己的價值，成為「可利用的人」，更要讓自己變得「不可取代」，並且確保我們的價值不會被廉價剝削。

真正的成功，不是讓自己成為別人利用的工具，而是學會主動掌握資源，為自己創造更好的機會。當我們能夠清楚辨別什麼是合理的付出，什麼是不公平的對待時，我們才能真正掌握自己的未來。

人生就像一場跨欄比賽，每一個障礙都是一次挑戰，別因為面臨困難就選擇停頓或逆來順受。唯有迎向挑戰，勇於爭取、拒絕不合理的對待，我們才能真正突破限制，創造屬於自己的成功。

這個時代，不再是「能忍就贏」的時代，而是「敢說敢爭取」的時代。成功，從來不是等來的，而是靠自己爭取來的！

# 不預留過多退路

別讓困境決定你的人生。成功不是等來的，而是靠你不留退路、硬生生爭取來的！別當人家情緒勒索的傻子，選擇退縮就等著被世界踐踏，選擇反抗，你就能主宰自己的人生。

我們常說「絕處逢生」，但真正的關鍵在於我們能否勇敢爭取，而不是被動接受命運的安排。會成功是來自無路可退下主動反抗一切的不合理，拒絕讓困境定義自己的可能性。真正的強者不是等待機會降臨，而是自己創造出路。

其實，當我們拒絕妥協的同時，也是在堅定自己的信念，不讓任何不公平的環境左右我們。總是給自己找退路的人，往往一開始就沒打算全力以赴，這樣的態度只會讓自己處於被動。相反，勇於迎戰不合理、敢於挑戰現狀的人，才更有可能改變局勢。

美國科學家做的「青蛙實驗」幾乎人人皆知：把青蛙放入鍋中，在鍋底慢慢用溫火加熱，原本在水裡悠哉漂游的青蛙，等到水溫加熱到無法承受時，青蛙卻是想跳也跳不出來了；相反的，將一隻青蛙猛地擲入沸騰的滾水中，牠卻能倏地躍起逃生。

不留退路，就是給自己一條出路。只要擁有不留退路的決心，就能專心一意面對眼前的挑戰，獲得意想不到的收穫。人往往是在緩慢的等待中消耗了自己，經由無謂的等待逐漸適應現況，消磨自己的能力、才華與信心，最終只剩下無奈和惆悵。

一九八八年，一個名為「創維」的小公司在香港誕生。它的創始人就是黃宏生。

黃宏生起先以代理電子產品出口打開創業之門，但由於不熟悉香港的環境，貿易環節又多，進了貨賣不出去，造成虧損。眼看著自己的努力付諸東流，黃宏生大病一場。

第一次打擊剛過，第二個打擊又來了。一九九〇年，他得到可靠消息指出，香港即將開辦麗音廣播試驗麗音（麗音是英語合成詞 **NICAM** 的音譯，**Near Instantaneous Companded Audio Multiplex**，意謂「接近即時的縮擴音訊多路廣播」，以數位技術支援播出優質的立體聲）他立即在幾天內與菲利浦公司簽訂了合作開發機上盒的解碼器協議；

但讓他萬萬沒想到的是，電視臺嫌麗音廣播成本太高，方案說停就停。這下子黃宏生又損失了五百多萬港幣。他急昏了頭，決心背水一戰，直接生產彩色電視機。他聘請了國內知名廠家的工程人員四十多人開發彩色電視，但技術與世界水準根本沒法比，產品賣不出去，又虧損了近五百萬元。

好在這些足以讓人崩潰的打擊並沒有打倒他，反而讓他在失敗中看清了企業的定位和走向。

一九九一年，香港著名的彩色電視企業訊科集團被錄影帶大王瑞林集團收購，原訊科集團的人才卻無法得到重用。黃宏生深知，創維想發展彩色電視，得有這樣的優秀人才。他用了半年的時間遊說，終於將三十名科技人才吸引到了創維。九個月後，創維就推出了第三代新型彩色電視，並在德國展覽期間，出人意料地獲得了幾萬臺的訂單。創維終於有了出頭之日。

隨後的時間裡，創維步入了發展的快車道，成為業內攀升速度最迅速的企業。

看著黃宏生的成功，我們應該明白：真正的強者不是迫於無奈才開始行動，而是在困難來臨前就已經做好準備，勇敢爭取自己的權益。如果他當初選擇順從環境，或者認命接受一次次的失敗，就不可能有今天的成就。

我們要學會的不只是接受命運，而是主動改變它。遇到困難時，不是尋找藉口，也不是等著別人來拯救，而是自己站出來，奮力一搏。成功不是被逼出來的，而是爭取來的。

人生路上，總有人試圖用情緒勒索讓我們妥協，或者用「這是為你好」的話術來 PUA 我們。但真正成熟的選擇，不是聽從這些無謂的壓力，而是堅定地站在自己的立場，明確自己的目標，勇敢爭取應得的一切。

在任何環境下，妥協與退縮只會讓我們喪失主導權，而果敢行動才能讓我們突破限制，創造無限可能。世界不會因為我們的退縮而改變，但當我們勇於爭取、拒絕一切不合理的對待時，這個世界才會被我們改變。

人生的選擇往往就在一念之間。勇敢爭取，就有可能創造新的局面；選擇退縮，就只能停留在原地。與其等待別人來決定我們的未來，不如自己做主，迎接挑戰，打造專屬於自己的成功之路。

# 第12章

# 用心經營屬於自己的成功

# 成功屬於立即行動的人

別再幻想「如果當初」！機會從不會等你，成功只屬於那些敢行動的人。停止猶豫，跳出舒適圈，別再當臺下觀眾。只有勇於爭取、果斷行動，才有資格站上舞臺，接受屬於你的掌聲。

你有沒有想過，為什麼有些人能站上舞臺接受掌聲，而你卻只能在臺下鼓掌？為什麼有些人能夠把握機會脫穎而出，而你卻總是錯過？成功不是憑空降臨的，而是那些敢於行動、勇於爭取的人自己拚來的。

不少人總在抱怨：「如果當初我那麼做，現在一定不一樣。」但問題是——你當時有行動嗎？你有為自己爭取過嗎？現代社會不再鼓勵逆來順受，而是推崇主動爭取與果敢行動。如果你總是等待別人給你機會，成功只會離你越來越遠。

年輕的時候，安德魯•卡內基曾擔任過鐵路公司的電報員。有次在假日期間，輪到他值班，電報機傳來了一通緊急電報，裡面的內容讓卡內基幾乎從椅子上跳了起來。緊急電報通知，在附近鐵路上，有一列貨車車頭出軌，要求當班主管照會各班列車改換軌道，以免發生追撞的意外慘劇。

當天是假日，卡內基找不到可以下達命令的主管，眼看時間一分一秒地過去，而一班載滿乘客的列車正急速駛向貨車頭的出事地點。

卡內基不得已，只好敲下發報鍵，冒充主管的名義下達命令給班車的司機，調度他們立即改換軌道，避開了一場可能造成多人傷亡的意外事件。

按當時鐵路公司的規定，電報員擅自冒用上級名義發報，唯一的處分是立即革職。卡內基十分清楚這項規定，於是在隔日上班時，寫好辭呈，並放在主管的桌上。

主管將卡內基叫到辦公室內，當著卡內基的面，將辭呈撕毀，拍拍卡內基的肩膀說道：「你做得很好，我要留你繼續工作。記住，這世上有兩種人永遠在原地踏步：一種是不肯聽命行事的人；另一種則是只知道聽命行事的人。幸好你都不是這兩種人其中之一。」

如果卡內基當時害怕後果而不採取行動，結果將會如何？很多時候，決定你能否成功的關鍵，不在於你有多聰明，而在於你是否敢果斷行動。等待、猶豫，只會讓機會白白溜走。

有些人總是滿口「如果當初」，但成功從來不屬於只會空想的人。真正的強者不會被動的接受現狀，而是會主動爭取機會。

想成為頂尖業務員？那就比別人多跑幾個客戶，多做幾次嘗試，而不是坐在辦公室裡幻想業績飆升。想寫出一部好作品？那就開始動筆，而不是空等靈感降臨。這個世界上，想做事的人很多，但真正動手去做的人很少。那些被人欽佩、獲得成功的人，從來都不是因為比別人更幸運，而是因為他們敢於行動。

當前的社會節奏快，機會稍縱即逝。如果你總是等別人決定你的未來，那你的結局早已被寫好。敢於行動的人，才有資格改變自己的命運。

如果你發現環境不合理，那就付諸行動改變它，而不是默默忍受。

如果你覺得機會不公平，那就自己創造機會，而不是抱怨命運。

那些只會順從現狀、不願挑戰的人，最終只會被淘汰。而那些敢於爭取、勇於行動的人，才有可能站上巔峰。如果你總是猶豫不決，成功將離你越來越遠。當你確立了一個目標，最重要的不是再去分析利弊，而是立即行動。沒有人能保證行動後一定會成功，但可以肯定的是，不行動一定不會成功。

停止等待，拒絕拖延，拒絕讓恐懼與猶豫阻礙你前進。現在，就從第一步開始，去做，去爭取，去改變，去成為那個站在舞臺上享受掌聲的人。

# 堅持不懈，方能成功

成功從來不會垂手可得，只有那些在絕境中咬牙堅持、不妥協的人才能站上巔峰。別再等機會來敲門，挑戰現狀、拒絕退縮，堅持到底，才有資格改變命運。

通往成功的道路從來都不是筆直順暢的，而是充滿未知與挑戰。當遇到困難時，有些人會選擇妥協，甚至放棄；但真正能達到目標的人，從來不是那些輕易向現實低頭的人，而是敢於挑戰、不被困境擊垮的人。

有人說，堅持是影響人生最重要的因素之一，甚至遠超過天賦與才華。真正阻礙人成功的，往往不是能力不足，而是在關鍵時刻選擇了放棄。成功者與失敗者之間的區別，並不在於天賦，而是在於面對困難時的態度——前者選擇迎難而上，後者則選擇退縮。

在國際銷售講師湯姆・霍普金斯看來，成功的祕訣就是：每當遇到挫折時，心中只有一個信念，那就是堅持到底。成功者決不放棄，放棄者無法成功。湯姆・霍普金斯堅信自己是一頭獅子，而不是頭羔羊。在他的字典裡從來沒有「放棄」、「辦不到」、「行不通」、「沒希望」等字眼。

老傑克是一家大公司的董事長，他從小沒受過什麼教育，但他憑著自己一股不服輸的韌性，取得了令人讚歎的成績。

三十一歲那年，他發明了一種新型節能燈，為了獲得資金支援，順利打入市場，不得不找資金挹注，好不容易說服了一位銀行家，卻又遭人暗算。

市場競爭是殘酷的，有些燈具商得知傑克想將節能燈具推廣上市的消息後，為了避免自己的產品銷路受到影響，便在暗中千方百計阻礙傑克。

這已經夠讓人頭疼了，不過還不是最糟的，就在傑克要與銀行家簽約時，突然得了膽囊炎，住進了醫院，大夫說必須動手術，不然就有生命危險。那些阻撓傑克的燈具廠老闆得知這個消息後，便在報紙上大造輿論，說傑克得的是絕症，想騙取銀行的錢來治病。

銀行家得知這個謠言後，開始猶豫了。在此同時，其他機構也正加緊研發這種節能燈具，一旦他們率先佔領市場，傑克以前的努力便將付諸流水。

為了打消銀行家的疑慮，獲得他的支持，傑克決定鋌而走險，先不動手術，仍如期與那位銀行家見面。見面前，他讓大夫給自己打了止痛藥。傑克強忍疼痛，表現得和健康的人一樣，和銀行家拍肩握手，談笑風生。當藥效過去傑克的肚子疼得像刀割一般。但他知道只有堅持才有希望，成功與失敗就在這個關鍵時刻。於是他咬緊牙關，繼續和銀行家周旋。傑克完全取得了銀行家的信任，最後順利簽了約。後來據醫生說，當時傑克的膽囊已經積膿，相當危險！但傑克就是靠著這種堅持的精神，一步步邁向了成功。

他並不是靠「忍耐」或「妥協」換來成功，而是靠勇敢面對困難、拒絕被打壓的精神贏得勝利。他的故事告訴我們，當面對不公或挑戰時，選擇抗爭與堅持，遠比順從與忍受更有價值。

許多人在人生路上遇到挫折時，選擇了妥協退縮，但真正能改變世界的人，從來不會被動接受命運的安排。他們會提出質疑，主動爭取，會在遭遇挑戰時堅持自己的信念，並努力找到破解困境的方法。

我們可以選擇不同的道路，但唯一不能選擇的就是「放棄」。如果一味抱怨環境不公，卻不願意奮鬥改變現狀，那麼終將一事無成。相反，只有勇於質疑現狀、敢於挑戰極限、拒絕被困境定義，才能真正掌握自己的命運。

成功者與其說是特別聰明，不如說是特別有膽識。他們不會被眼前的困難嚇倒，而是會想辦法突破現狀。他們明白，所謂的「黑暗時刻」只是暫時的，只要不放棄，總能找到光亮。

當我們為自己訂立明確的目標後，不僅要行動，更要堅持到底。成功，不是靠順從與忍耐換來的，而是靠勇敢突破重圍、爭取屬於自己的機會而贏得的。

# 將自己的強項發揮到極致

別再試圖做個萬能超人，成功從來不屬於盡全力填補弱點的人。專注於你最強的那一塊，將它發揮到極致。別浪費時間迎合每個領域，因為成功永遠屬於那些專注於自己的優勢、勇於挑戰現實的人。

每個人都有自己的優勢和弱點。在這個快速變化的世界裡，我們不能只專注於他人的優點或自己的不足，而是要學會發掘並強化自己最擅長的領域。成功並不意味著每個方面都要做到完美，而是要找到自己能夠發揮最大潛力的地方，讓它成為我們獨特的優勢。

成功不僅是發揮自己的優勢，更是敢於站出來、敢於反抗不合理的事物，並敢於為自己爭取應有的權益。這種勇氣和行動力是現代年輕人最為看重的要素之一。當我們敢於表達自己的意見，並不畏懼挑戰不公的現實時，我們便能找到屬於自己的成功之路。

有研究顯示，28%的人正是因為找到了自己最擅長的領域，才得以掌握自己的命運，並將這份優勢發揮到極致，從而實現人生的突破。相反，有72%的人因為不了解自己的真正優勢，總是勉強自己做不擅長的事，結果無法在激烈的競爭中脫穎而出，難以獲得真正的成功。現實生活中，多數人都希望能成為更好的人，成就一番事業，實現夢想，但真正能做到的人並不多。

某單位的國際部有兩個年輕人，一個是英語翻譯，一位是韓語翻譯。論實力，兩人不相上下，在主管和同事眼中，兩人都會是今後行銷部經理的候選人，對此，兩人心裡也很清楚，表面上雖沒什麼動靜，卻在工作上暗暗較勁，你追我趕，每年都能出色地完成任務。

該單位原先有韓商投資，因此公司管理層經常需要和韓國人打交道，這也讓韓語翻譯有更多在公開場合露面的機會。一時之間，他在部門裡凝聚了不少人氣。

如此一來，英語翻譯可坐不住了。他想「再這樣下去，自己恐怕要被大家遺忘了。」

於是，他決定憑著大學時選修過韓語的基礎，暗暗學習韓語，準備給對方一個措手不及。

幾年的時間一晃眼就過去了，他終於擁有了一張韓語檢定證書。他開始與韓商進行對話，也嘗試著從事一些韓文的翻譯工作。這下子，他同時掌握了兩門外語，同事們對他十分佩服，他自己也有一種成就感。

就在他開始得意之際，他在翻譯英國商人的貿易合約時，因一個關鍵字翻譯得不夠精準，給公司造成了二十萬美元的損失，雖然事後公司經由談判，挽回了部分損失，但公司董事長為此十分惱怒。

這下，他終於醒悟過來，這些年忙著去學習韓語，忽略了對英語詞彙的溫習，於是無可避免地發生了錯誤。

現在的他，在自己的英文專業領域上敗下陣來，而且他的韓語即使從現在起再苦學幾年，也無法達到對手的水準，他真是後悔莫及。

其實，人的一生不需要事事精通，只需專注於一項強項，並將其發揮到極致。當我們敢於正視自己的優勢，並將它發揮到極致時，這不僅能讓我們在人生中取得成功，也能讓我們成為自己生活的主導者。無論何時，我們都應該堅持做自己擅長的事，敢於挑戰、敢於爭取，拒絕任何試圖操控或消耗我們的情緒勒索。

研究顯示，成功的人往往能在自己擅長的領域發光發熱。他們的成功不在於試圖彌補所有缺點，而是專注於自己的強項，透過不斷發揮這些優勢來實現自己的目標。當我們敢於面對挑戰，勇於表達自己，並在自己的專業領域中發揮最大潛力時，成功自然會向我們招手。

每個人都應該學會了解自己的優勢，並在這些優勢上深耕細作。這樣，我們不僅能避免將時間浪費在自己不擅長的事物上，還能真正活出自己的價值。

# 善借他人之智

別再自以為是地死磕孤軍奮戰。成功從來不是一個人孤軍作戰的結果，而是依靠團隊和合作。選對夥伴，發揮各自的優勢，才是登上巔峰的唯一方式。放下你的驕傲，尋求幫助吧，這才是正道。

在大多數情況下，一個人要想取得成功，僅僅依靠自己獨立完成是很困難的。要真正實現目標，我們需要與他人合作，並借助他們的力量。與人合作的範圍越廣，能獲得的支持與資源也越大，成功的機會就越大。

當今社會強調的是團隊平等合作與共享成就，而非單打獨鬥。無論我們在任何領域追求卓越，都需要懂得與他人合作，並且樂於接納不同的觀點。真正的成功並非建立在獨自奮鬥的基礎上，而是來自於團隊的共同努力和相互扶持。

無論身處何處，與人合作的智慧都十分重要。當你與他人共同奮鬥，充分發揮各自的優勢，成功的道路自然會更加平坦。每個人都能成為你成長的夥伴，但合作能否成功，最重要的關鍵在於選擇對象，選擇那些能夠真誠支持你並與你共同進步的人。

一個小男孩在沙灘上玩耍。他的身邊有一些玩具——小汽車、貨車、塑膠水桶和一把閃亮亮的塑膠鏟子。他在鬆軟的沙堆上修築公路和隧道時，發現一塊很大的岩石擋住了去路。

小男孩開始挖掘岩石周圍的沙子，企圖把它從泥沙中弄出去。這塊岩石相當巨大。他手腳並用，使盡了力氣，岩石卻紋風不動。小男孩手推、腳蹬、左搖右晃，一次又一次地向岩石發動攻勢。每次才剛把岩石搬動一點點，岩石便又在他稍微放鬆時重新返回原地。

小男孩氣壞了，他使出吃奶的力氣窮推猛擠。但是，他得到的唯一回報便是岩石滾動時擠傷了他的手指。最後，筋疲力盡的他坐在沙灘上傷心地哭了起來。

這整個過程，小男孩的父親在不遠處看得一清二楚。當淚珠滾過孩子的臉龐時，父親來到了他的跟前。

父親的話溫和而堅定：「兒子，你為什麼不用上所有的力量呢？」

男孩哭著說：「爸爸，我已經用盡全力了！」

「不對！」父親堅定地糾正道：「兒子，你並沒有用盡所有的力量。你沒有請求我的幫助。」說完，父親彎下腰，抱起岩石，將岩石扔到了遠處。

這就像小男孩在沙灘上遇到的困境——當他獨自努力仍無法移動岩石時，最終他從父親那裡得到了幫助，輕鬆解決了困難。這正是我們每個人在面對挑戰時的寫照：我們不能獨自承擔所有重擔，也不需要忍受孤獨與無助。當你無法單打獨鬥時，不妨向身邊的強者尋求協助，他們的經驗與能力可能是你成功的關鍵。

然而，在尋求合作時，我們應理性選擇真正能提供支援的合作對象，而非草率行事。成功不僅來自強者的幫助，還來自我們慎選合作對象，並確保這段合作關係對雙方都是互利的。

一個人的能力有限，沒有誰一手能做完所有的事。要想開創一番事業，必須靠更多的人組成一個團隊、一個群體。只有與人合作，才能把工作做好。也許你選擇的合作對象清高、孤僻、個性太強，這些有可能都是性格上的缺點，然而問題是，他們恰巧能彌補你自身的不足，你的弱勢正是他們的強項。所以，我們是否合作的關鍵，首先要考慮的是對方能否為團隊帶來加分，而不是他們的缺點與不足。

我們應清楚認知，沒有人是十全十美的。當你在挑剔別人時，可曾想到別人也可以這樣責備你。如果你自己是完美的，也就不需要與他人合作了。在闖蕩事業時，人盡其才、人盡其用才是最重要的。

美國的賈伯斯和沃茲尼克是「Apple II」微型電腦開發者，他們的重要合作者是邁克・馬庫拉。其實，最初光顧賈伯斯跟沃茲尼克兩位年輕人的並不是邁克・馬庫拉，而是賈伯斯老闆介紹來的唐・瓦倫丁。

當唐・瓦倫丁來到賈伯斯的家中，看見賈伯斯穿著牛仔褲，腳上的鞋子鬆散未綁鞋帶，留著披肩長髮，蓄著胡志明式的大鬍子，不管怎麼看都不像是一位企業家。於是，唐・瓦倫丁覺得不妥，因為賈伯斯和沃茲尼克的外表將這位先生給嚇壞了，於是他沒敢問津這兩位奇怪年輕人的事業，而是把賈伯斯和沃茲尼克介紹給了另一位風險投資家邁克・馬庫拉先生。

邁克・馬庫拉原為英特爾公司的市場部經理，對微型電腦十分精通，他先考察了賈伯斯和沃茲尼克的「Apple II」樣機，最後，邁克・馬庫拉問起了關於「Apple II」電腦的商業計畫，但因為賈伯斯跟沃茲尼克對商業買賣一竅不通，兩人竟然面面相覷，說不出任何話來。

但是邁克・馬庫拉並沒有因此失望，而是決定和這兩位年輕人合作，並出任董事長。

唐・瓦倫丁，一個蘋果電腦擦肩而過而被人們熟知的人，他很可能是一個很好的人，但就是因為被賈伯斯和沃茲尼克的外表嚇壞了，而失去了有可能是他一生中最重要的一次機會。而邁克・馬庫拉卻正好與他相反，沒有對賈伯斯和沃茲尼克的外表加以苛責，而是與他們進行了深度合作，所以獲得成功。心胸寬闊的他，抓住了人生中一次最重要的投資機會。

記住，世上沒人能完美無缺。每個人都有自己的優勢和不足。在與他人合作的過程中，我們應該學會欣賞他人的特長，而不是一味挑剔對方的缺點。就像那位與蘋果公司合作的風險投資家邁克・馬庫拉，他選擇與外表不符傳統企業家形象的年輕人賈伯斯和沃茲尼克合作，最終取得了巨大的成功。這一選擇不僅顯示了他的遠見，也彰顯了其對人性化合作的重視。真正的合作不是單純的看外表，而是看重對方的潛力與合作價值。

現今社會變化快速，許多事情需要不同背景、專業的合作來共同推進。在這樣的環境中，單打獨鬥已經無法實現卓越。相反，借助他人的智慧與力量，將各種資源與人才凝聚在一起，才能共同突破困難，實現各自的目標。

更重要的是，合作並不意味著盲目服從或被利用。在現代，年輕人更加注重自我價值與平等關係。我們應該堅持自己的立場，拒絕任何形式的情緒勒索或不公平對待。在合作過程中，尊重與理解應該是基礎，只有這樣才能達到真正的共贏。

成功並非只依靠單一的力量，而是在於如何整合各方優勢，互相支援，攜手前行。當你放下過去對「孤軍奮戰」的幻想，學會在合作中充分發揮自己的優勢，並尊重他人的長處時，真正的成功才會悄然降臨。

在現代社會中，我們要善於發現自己和他人的優勢，並以此為基礎，構建起強大的合作網絡。這不僅能幫助我們解決問題，還能讓我們在追求目標的過程中少走彎路，事半功倍。

# 剷除埋藏內心深處的自卑感

別人看不起你，沒關係；你自己看不起自己，那你活該被當工具人用到報廢。別再卑微內耗，主動創造價值，才有資格談回報。

自卑，是成功路上最陰險的敵人。

很多人不是不夠好，而是太急著否定自己。長得不夠高、學歷不夠亮、起步慢一點，就開始懷疑自己的價值，甚至習慣性地退縮、忍讓，默默接受不合理的對待。久了，你不只是被低估，而是讓人理所當然地忽略你。

自卑讓人專注在自己的短處，卻忘了每個人都有優勢可以發揮。當你開始相信「我不如人」，就會把該爭取的機會拱手讓人，甘願當個被利用、不被記得的工具人。但真正有價值的人，從不等待肯定。他們主動創造成果，也敢於爭取應得的回報。

你可以不完美，但不能沒態度。不爭，永遠沒有。被動接受，不如主動出擊。

一個農夫有兩個水罐，一個是完整無缺的，另一個卻有一條裂縫。農夫每次挑水，完好的水罐總能把整罐水從遠遠的小溪運到主人家，而有裂縫的水罐回到主人家時，往往只有半罐水，有裂縫的水罐感到非常痛苦和自卑。

一天，它對主人說：「我為自己每次只能運送半罐水而感到慚愧。」

農夫驚訝地說：「難道你沒有看見每次回家的路旁那些盛開的鮮花嗎？這些花只長在你那邊，並沒有長在另一個水罐那邊。因為我早就知道了你有裂縫，就合理利用了你的優點。我在你這一邊撒下了花種，於是每天我們從小溪邊回來的時候，你就能澆灌它們。如今，這些鮮花已經給我們一路上帶來了許多美麗的風景。」

如果我們能夠以坦然的心態去面對生命中的缺憾，愉悅地接納自己，揚長避短，充分發揮自己的潛力，相信遲早能夠看到「柳暗花明又一村」的美景。

強者不是天生的，而且也會有軟弱的時候。強者之所以成為強者，在於他善於戰勝自己的軟弱。一代球王比利初到巴西最有名氣的桑托斯足球隊時，他害怕那些大球星瞧不起自己，竟緊張得一夜未眠，他本是球場上的佼佼者，卻無端地懷疑自己，恐懼他人。後來他設法在球場上忘掉自我，專注踢球，保持一種泰然自若的心態，從此便以銳不可擋之勢，進了一千多個球。球王比利戰勝自卑，走向自信的過程告訴我們：不要懷疑自己、貶低自己，只要勇往直前，付諸行動，就一定能走向成功。久而久之，就會從緊張、恐懼、自卑之中解脫出來。因此，不甘平凡，發憤圖強，彌補缺陷，是醫治自卑的良藥。

克服自卑雖然無法在一兩天實現，但透過努力、超越自己，還是可以擺脫的。我們可以用下面的方法試一下：

**1.正確認識自己：**要正確地與別人比較，每個人都有優缺點，這方面不行，其他方面說不定就比別人強。要揚長避短，絕不要一味抹殺自己。

**2.以平常心看待競爭：**真正競爭並不在於結果的降臨，而在於參與者在過程中是否提高了能力，學到了本領。而且應樹立即使面對的是失敗，也還相信自我成功的意識，畢竟我們自己對自己的評價才是唯一有價值的，別人的閒言閒語大可不必理睬。

**3.積極的自我暗示：**這是一種來自內心的刺激過程，是祈求，也是祝福，但往往被人忽視，其實這很重要。任何觀念經一而再、再而三的重複，而深入地進入潛意識之後，將會變成一股催人奮發向上的力量。積極的自我暗示使人在面臨困難時信心十足，從容不迫。但也需注意，不能把目標定得太高，過多的奢望只會使自己產生不切實際的幻想，要一步一腳印前進，在不斷獲得小的成功中增強信心、克服自卑。

**4.積極參與交往活動，改變自己的性格：**在活動中，感受集體的溫暖，你會發覺大家很友好，並沒有高人一等的架子，不是你想像中的那麼糟。

總之，想擺脫「總是輸的人」這個標籤，靠的不是忍氣吞聲或原地等待，而是主動發掘並放大自身的優勢。生活中充滿變數，成功和失敗都可能在下一秒發生。但唯有主動出擊、勇於嘗試的人，才有資格與命運談條件。每一次失敗，不是叫你自卑沉淪，而是給你機會修正方法、再戰一次。失敗不可怕，被動接受才真正可惜。

不要指望環境會體諒你，更別期待有人會主動發現你的價值。如果你自己都看輕自己，把短處無限放大，那別人自然只會當你是可替代的工具，而不是值得投資的對象。所以，別再抱怨環境。與其被動承受，不如主動創造價值。讓自己強大到，就算被低估，也能靠實力翻盤；讓你的存在，值得爭取報酬，而不是免費付出。

你不是來填補缺口的臨時工，而是為舞台而生的價值創造者。想要尊重與回報，先別當乖順的「好用之人」，而要成為不可或缺的「有用之人」。

國家圖書館出版品預行編目資料

生存逆思維：破解職場和人脈的底層邏輯 / 宋師道著. ——
初版——新北市：晶冠出版有限公司，2025.05
面；公分．——（智慧菁典 ； 33）

ISBN 978-626-99005-4-1（平裝）

1.CST: 職場成功法 2.CST: 人際關係

494.35　　114004302

智慧菁典　33

**生存逆思維　破解職場和人脈的底層邏輯**

作　　者　宋師道
行政總編　方柏霖
副總編輯　林美玲
校　　對　蔡青容
封面設計　王心怡
出版發行　晶冠出版有限公司
電　　話　02-7731-5558
傳　　真　02-2245-1479
E-mail　ace.reading@gmail.com
總 代 理　旭昇圖書有限公司
電　　話　02-2245-1480（代表號）
傳　　真　02-2245-1479
郵政劃撥　12935041 旭昇圖書有限公司
地　　址　新北市中和區中山路二段352號2樓
E-mail　s1686688@ms31.hinet.net
印　　製　福霖印刷有限公司
定　　價　新台幣380元
出版日期　2025年05月 初版一刷
ISBN-13　978-626-99005-4-1

※本書爲改版書，
原書名爲《你的善良，不該被錯的人利用》。

版權所有．翻印必究
本書如有破損或裝訂錯誤，請寄回本公司更換，謝謝。
Printed in Taiwan